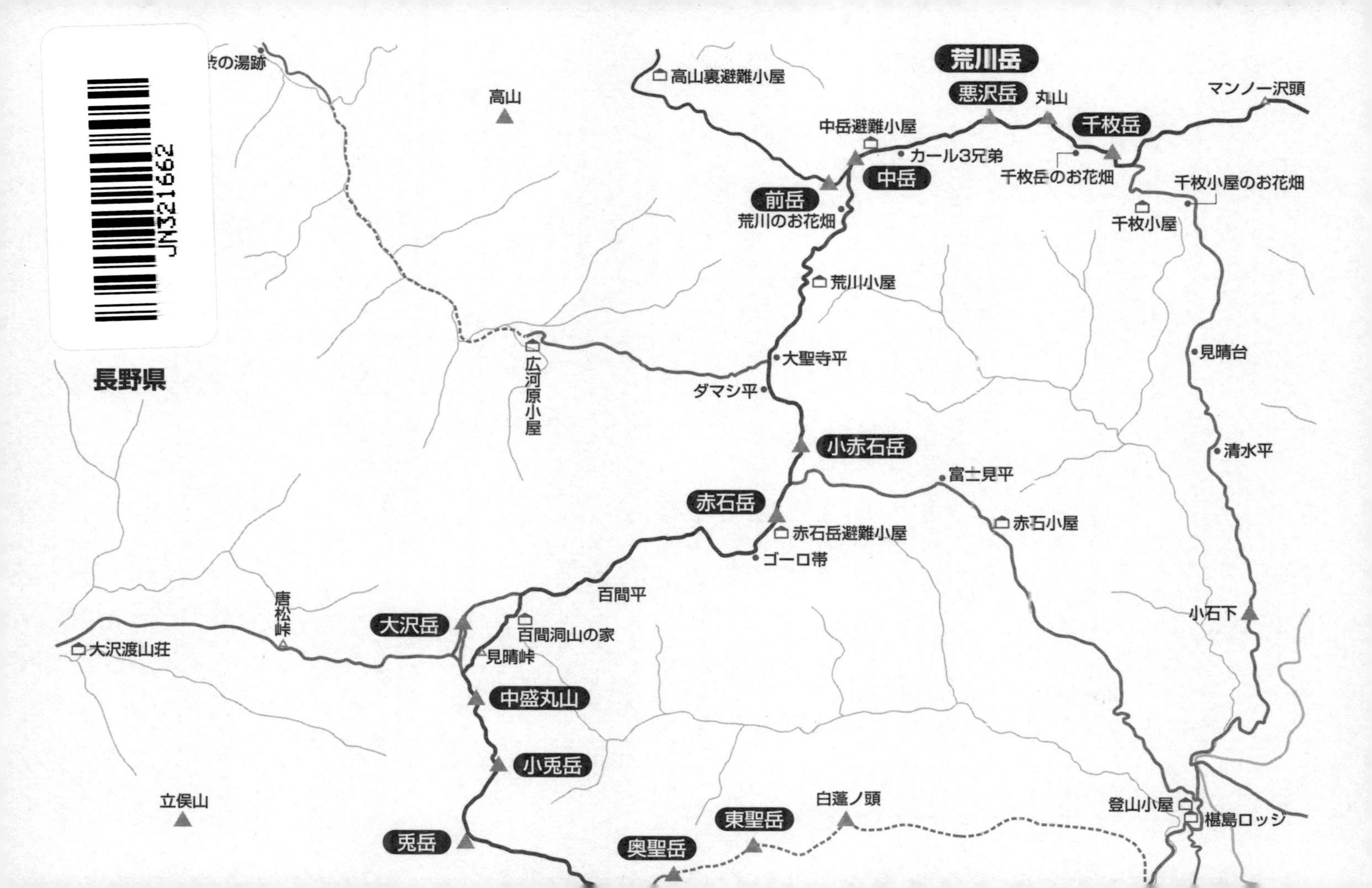
荒川岳
高山裏避難小屋
高山
悪沢岳
丸山
マンノー沢頭
千枚岳
中岳避難小屋
カール3兄弟
千枚岳のお花畑
中岳
前岳
千枚小屋のお花畑
荒川のお花畑
千枚小屋
荒川小屋
長野県
広河原小屋
大聖寺平
ダマシ平
見晴台
小赤石岳
清水平
富士見平
赤石岳
赤石小屋
赤石岳避難小屋
ゴーロ帯
百間平
唐松峠
大沢岳
百間洞山の家
小石下
大沢渡山荘
見晴峠
中盛丸山
小兎岳
立俣山
白蓬ノ頭
登山小屋
椹島ロッジ
東聖岳
兎岳
奥聖岳

南アルプス

お花畑と氷河地形

増沢 武弘
TAKEHIRO MASUZAWA

はじめに

南アルプスは日本列島の中央部に位置し、静岡県、山梨県、長野県にまたがる広大な山脈である。南アルプスの山々は、北アルプスや中央アルプスに比べると〝お花畑〟とよばれる広大な面積の植物群落が数多くあるのが特徴だ。標高3000mを超えるピークが13座もある一方で、三国平、大聖寺平、百間平など山岳地帯の平地も多く、そこにはじつに多様な周氷河地形が見られる。また、氷河時代に作られた氷河地形がはっきりと残っている山が多く、それらは日本列島における氷河地形の南限でもある。

高山植物の多くは、山岳地域に残る氷河地形にそれぞれ対応して分布している。これらの高山植物の中には氷河時代に北極域から分布を広げてきた周北極要素の植物が多く、この点でも南アルプスの中央部が南限となっている。

この本では、南アルプスの高山帯に残る氷河地形および周氷河地形に生育する高山植物を中心に、高山帯の地形に特有な植物群について解説する。南アルプスは広大な地域にわたるため、1つのモデルコースを設定し、そのコースをたどる中で現れる地形・地質と、そこに生育する高山植物の生き方を説明する形をとる。ここでは南アルプス中央部の登山基地である椹島から、千枚岳、丸山、荒川三山、大聖寺平、赤石岳のルートを主なモデルコースとした。

コース上の自然現象には、コース以外の南アルプスの別の場所にも見られるものがあるので、その場合は他の山の例についても説明を加えた。また、特殊岩石からできている山の特殊な植物群については、コース以外の山のものも紹介する。たとえば石灰岩地の北岳の植生を解説する場合は、光岳の石灰岩地の例もあげるようにする。

ほかに南アルプスに特徴的な自然現象として、周北極要素の植物の南限、ハイマツの南限、カール地形の南限、U字谷、石灰岩植物、化石氷河地形などがあげられるが、これらの説明に加え、設定のコース以外の場所についても詳しく述べる。さらに、高山の代表的な風衝地の植物や周北極植物については、個々の生育地と生き方を説明した。

高山の地形と植物の関係という、あまり注目されてこなかった分野について、理解を深めていただければ幸いである。

静岡大学　増沢武弘

もくじ

第７章　赤石岳

第８章　茶臼のお花畑

第９章　南アルプス最南部─光岳─

第10章　地球温暖化と南アルプスの植物

第1章　地質と高山植物

1. 千枚岳の森林限界

　南アルプス中央部から南部にかけて、静岡県側には広大な森林が広がる。これに対し、長野県側は急峻な崩壊地が多い。静岡県の大井川をさかのぼって行くと、標高1000mを越えるあたりで、落葉広葉樹林から常緑の針葉樹林に変化する。大井川の東俣の途中に、登山基地椹島《さわらじま》があり、ここから標高2880mの千枚岳に登るコースでは、落葉樹林からシラビソの針葉樹林へと移っていく典型的な植生の変化の過程が観察できる。

　千枚岳周辺の亜高山帯針葉樹林は、主にシラビソとコメツガで構成されている。標高が増し森林限界に近づくと、樹齢のそろった美しい針葉樹林となる。こういう場所の多くは周氷河平滑斜面という、ほとんど起伏のない平坦な斜面だ。千枚小屋の近くは、この森林にダケカンバが混在し、ほぼ天然林に近い状態である。

　この常緑の針葉樹林をぬけると森林限界だ。ここまでに水の条件が良いと、亜高山帯の高茎草本群落が現れる。「千枚小屋のお花畑」といわれる高茎草本群落がこれにあたる（写真1-1）。この草原は人の背

【亜高山帯】山地帯と高山帯との間に位置する高度帯。シラビソ・オオシラビソ・コメツガ・トウヒなどマツ科の高木が優占する。日本の中部山岳では標高1700m～2500m、北海道では600m～1000m。

1－1　千枚小屋のお花畑。高茎草本群落で草丈の高いシシウドやマルバタケブキなどが咲く

丈ほどになるシシウドなどセリ科の植物や、腰の高さほどのマルバダケブキ、イブキトラノオ、トリカブトなどの、混生した多様性の高い群落である。

さらに標高が高くなると、このお花畑からわい性のダケカンバの群落、さらにナナカマドやハイマツの群落へと変わる。千枚岳の森林限界は標高2500mあたりで、山頂からかなり低いところに位置している。ふつう日本列島中部の山岳では、温量指数で15、または7月の平均気温が10℃となる場所の標高あたりに、森林限界が成立する。しかし千枚岳付近では、あきらかにこの日本列島での平均より低い標高に森林限界が現れる。風の影響を強く受ける山頂現象や、積雪の状態など、いくつかの条件が複合的に関係していることが理由であるとされ

【森林限界】高緯度・高山・乾燥など生育に不適な環境条件によって森林が成立できなくなる限界。ここに近づくにつれて樹高は低くなる。

【周氷河平滑斜面】周氷河作用が長く働いた斜面で、凹凸の少ないのっぺりとした形の斜面のこと。

1－2　千枚岳。千枚岳山頂周辺では板状の岩が積み重なっている

1－3　「千枚岳のお花畑」では多くの種類の草本植物が見られる

ている。標高 2880m の千枚岳の山頂付近はハイマツとナナカマドに

【温量指数】 植物の生育下限温度を5℃と仮定して、5℃以上の各月の平均気温から5℃を引いて1年間を合計した値。植物群落の分布域をこの指数により説明することができる。

1－4　鳳凰三山のオベリスク（塔）。花崗岩からなる地蔵ヶ岳の岩塔

覆われているが、ここより西側は高山帯だ。高山帯の岩稜は母岩がむき出しになっているところが多い。千枚岳は名前のとおり、板状の岩が積み重なるようになっていて、場所によっては板の向いている方向に岩が崩れやすい（写真1-2）。千枚岳の山頂から西側には尾根が張り出していて、その南側の斜面に見られるのが、多くの登山者に知られている「千枚岳のお花畑」だ。

2. 千枚岳のお花畑

（1）お花畑

千枚岳の山頂は、平たい石が層のように重なる〝千枚岩〟から成っている。千枚岩は細粒の堆積岩が変成した、変成岩だ。板状に割れやすいことからこの名がついた。ここから丸山方向へは「千枚岳のお花畑」を横切ることになる。トラバース道の始まりである。千枚岳山頂の直下は、ほとんど植物が生育していない急峻な斜面で、崩壊地になっている。この岩場を少し過ぎると高山草原の斜面となり、千枚岳のお花畑に出る。ここには多くの草本植物が分布し、古くからその自然度が注目されてきた（写真1-3）。タカネビランジ、ミヤマムラサキ、タカネマツムシソウ、タカネナデシコ、キタダケヨモギ、マメ科植物などが高い密度で生育している。ここでは千枚岩に直接張りついて生

【母岩】土壌や砂礫は岩石が風化して形成されるが、その源となった岩石。
【堆積岩】堆積物が累積して、圧力を受けることにより固まって形成された岩石。

1－5　鳳凰三山ではタカネビランジが風のあたる稜線の白い砂礫地に点々と広がっている

きる、タカネビランジとミヤマムラサキについて解説しよう。

（2）タカネビランジ

南アルプスでは、タカネビランジは鳳凰《ほうおう》三山と北岳に多い。同じタカネビランジでも鳳凰三山に分布するものと、北岳や千枚岳のお花畑に分布するものでは、その特徴に違いがある。鳳凰三山の稜線は日本の高山では珍しく白い花崗岩からなっている。白っぽい岩が風化した白い砂礫地に、ところどころ巨岩が突き出し、オベリスク（塔）が出来ている（写真1-4）。白い礫を背景に、あざやかなピンク色の花弁をもつのが、タカネビランジ（ナデシコ科）である。この山のタカネビランジは、強風のあたる稜線で、礫の移動しやすい砂礫地に点々と広

【変成岩】堆積岩や火成岩が、形成された時とは異なった温度・圧力・その他の条件のもとで、鉱物組成や組織が変化する変性作用を受けた岩石。千枚岩、結晶片岩、片麻岩など。

1－6　鳳凰三山のタカネビランジはピンク色をしている

1－7　千枚岳のタカネビランジは白色に近い

がっている（写真1-5）。これは鳳凰三山だけで見ることのできる風景だ。この植物がこのような環境で生きられる理由は、その根の構造にある。一つの株から、直径3㎜ほどの根を数本タテヨコに伸ばし、そ

【花崗岩】火成岩でカリ長石・石英・斜長石および有色鉱物（主に雲母）を主成分とする、白っぽい岩石。

1－8　特殊岩石地域でよく見られるミヤマムラサキ

の根からさらに細かい根が小さな礫に絡みつくように伸びている。砂礫を通過していくわずかな水も逃さず、表面付近と地中深くの両方で水をとらえているのだろう。土壌が発達しにくい環境にうまく適応した根である。

タカネビランジの花の色は特徴のあるピンク色だ（写真 1-6）。ところがすぐ目の前の北岳や千枚岳に見られるタカネビランジは、白色に近い花弁のものが多い。なぜ、さほど遠くない鳳凰三山では花弁の色が違っているのか、たいへん興味のあるところだ。北岳や千枚岳で見られるタカネビランジは岩石に張りつくように生育しているものが多い（写真 1-7）。生育場所の上壌構造と、岩の成分や性質とも関係しているようだ。

北岳では、大樺沢《おおかんば》の長い登りが終わると、八本歯のコル（鞍部）に向かう入口に出る。ここからは岩場と木製のはしごの連続である。この岩場にタカネビランジが数多く見られる。千枚岳のお花畑にも見ら

1－9　北アルプスの白馬岳と雪倉岳の間の蛇紋岩地域にはわずかな植物しか生育しておらず荒涼としている

れるが、ほとんどの個体は大きな岩に張りつくように生育している。ここに育つタカネビランジは岩の割れ目に根を広げるタイプだ。鳳凰三山と異なり、北岳や千枚岳の岩稜帯には砂がほとんどない。岩の表面で生きていくために、かすかな水分を求めて岩の割れ目深くに根を張るのだろう。

（3）ミヤマムラサキ

ミヤマムラサキ（ムラサキ科）（写真1-8）は高山の石灰岩地や蛇紋岩地に多く見られる植物である。数が多く、よく知られているのは北アルプスの白馬岳と雪倉岳の間に分布する蛇紋岩地帯だ（写真1-9）。白馬岳から北西の方向にはどっしりとかまえた雪倉岳が見える。雪倉

【石灰岩】炭酸カルシウムあるいは方解石・あられ石を主成分とする堆積岩。アルカリ性を示し、特殊な植物が生育する。

1－10　奥の雄大な山は北岳、手前の赤い小屋が北岳山荘

岳に向かって三国境から下り始めると、異なるタイプの高山植物群落が次々に現れる。雪倉岳のふもとに近づくと、今までの色とりどりの「お花畑」から黒っぽい荒涼とした風景に変わる。植物の生育にとって好ましくない蛇紋岩地帯である。ニッケルなどの重金属を含む岩石から成り立っているので、植物の地上部や根の成長が抑えられてしまうのだ。

ミヤマムラサキは、その蛇紋岩の砂礫地にも生育できる。茎は細く、化茎葉をわずかしかつけない。ニッケルなどの重金属は、植物の体内に入ると悪影響を及ぼすが、この植物はその大部分を根の中に貯めこみ、とどめておいて、成長が活発な地上部へはほとんど移動しないようにしている。

【蛇紋岩】カンラン岩が水と反応して生成される。約600℃以下の温度条件で、マグネシウムに富んだカンラン石・輝石が熱水による変質作用や広域変性作用により蛇紋石に変化してできる。

1－11　北岳のU字谷には夏期に雪渓が見られる

1－12　北岳大樺沢左岸のお花畑

ミヤマムラサキは南アルプスの北岳や千枚岳にも分布している。千枚岳ではこの植物は、移動しやすい千枚岩が比較的安定したところに生育している。千枚岩の成分や性質と何らかの関係があるようだ。

1－13　八本歯周辺の登山道ではキタダケソウの白い花が見られる

ここにあげた地域だけでなく、日本列島の高山には蛇紋岩地、カンラン岩地、石灰岩地など特殊な岩石を母岩とした地帯があって、それぞれその環境に適応した植物が生きている。なぜそのような場所に生育し、また個体群を維持できるのかは、これからの課題である。

3. 特殊岩石からなる北岳の地質と植物

（1）キタダケソウ

特殊な岩石が風化して、特殊な土壌が分布する場所として最もよく知られているのは石灰岩地だろう。南アルプスの北岳と光《てかり》岳はその例として古くから知られてきた。特に北岳は標高が高いことと、ここだ

【カンラン岩】カンラン石・輝石を主成分鉱物とし、ときに、スピネル・クロム鉄鉱・ざくろ石・角閃石・雲母・斜長石などを少量含む深成岩。北海道のアポイ岳で見ることができる。

１－１４　キタダケソウ。日本では北岳の石灰岩地にしか分布していない

けに生育するキタダケソウが見られる点で、学術的にもごく貴重な資料を提供してくれる山である。

　標高 3193m の北岳（写真 1-10）は、日本で富士山についで高い。南アルプス北部の広河原から、5 時間ほど大樺沢の長い雪渓を登り、さらに稜線を 1 時間ほど登りつめると、八本歯のコルに出る。南北にのびた尾根では西側からの風が強いため、ふつうは東側に大量の雪が着く。高山の〝お花畑〟はこのような場所にたまった雪の雪解けの豊かな水を利用することが多い。しかし、ここでこの植物が分布しているのは、東側斜面ではあるものの、周囲に比べてあまり雪がつかないところだ。水を供給する雪が少ない上、この場所は太古の海底が隆起してできた石灰岩地である。カルシウムの多い特殊なアルカリ性の土壌で、植物が生きていくにはきわめてハードな条件だ。

　初夏に北岳山頂から東側を見ると大きな雪渓が見える（写真 1-11）。この雪渓をかかえる大樺沢（写真 1-12）は氷期に形成された U 字谷

【雪渓】夏から秋にかけて谷を埋めている残雪。大きなものは南アルプスの大樺沢、北アルプスの白馬岳で見られる。

1－15　北岳の石灰岩地のお花畑ではたくさんの高山植物が斜面を埋め尽くしている

だが、長い期間水に浸食されたため、現在はＶ字谷のようになっている。谷の途中にはいくつかのモレーンが見られる。6月中旬の北岳の高山帯では、ほとんどの植物はまだ芽吹いていないので、目につく緑色はハイマツくらいのものだ。八本歯周辺のハイマツの中を西へトラバースする登山道の両側には、ところどころに白い花が現れる（写真1-13）。日本列島では北岳にしか分布していないキタダケソウ（キンポウゲ科）である（写真1-14）。

直径2～3㎝の白い花をつけるが、花びらの白色には深みがあり、いかにも古典的な花弁の形状のせいか他の白い花とは違って見える。葉にも特徴があり、長い葉柄の先に、数枚の小さなちぢれた葉が折り重なるようについている。この高山の環境でキタダケソウが本当に種

【氷期】高緯度域の極寄りに氷河が形成され、中緯度の平原や丘陵の地帯に広がるような大陸氷河および中緯度の高山地帯では谷を満たすような氷河が発達した時代。
【モレーン】氷河によって運搬され堆積した丘状の地形。日本列島ではカール地形の末端や側面で見られる。

1－16　北海道のアポイ岳にしか分布していないヒダカソウ

子を作れるのか、生物学的にたいへん興味深い。葉のたくさんある大きな個体にツクバネのような果実が何個も付いている。種子の数は想像より多い。種子の数が多いことから考えて、人間による「撹乱」や、下から徐々に上って来る植物の影響がなければ、種子によって個体が増えていくように思える。実際には、種子から芽生えた小さな個体には、なかなか出会えない。

前述のとおり、北岳はかつて海底であったところがせり上がってできた山だ。石灰岩が風化した斜面に点々と広がるキタダケソウは、何回かの氷期にこの石灰岩地に住みついたものだろう。日本列島では石灰岩でできている高い山は珍しく、キタダケソウがある場所は特にカルシウムに富んでいる（写真1-15)。石灰岩のような特殊な土壌に生育することを嫌う植物が多い中、長い間に石灰岩土壌に順応して生育場所を確保してきたのだろう。北岳には植物の分布の点で、もうひとつ特徴がある。アルカリ性の石灰岩地でありながら、生育する植物の

1－17　雄大な間ノ岳。尖峰が発達せず山頂付近は線状凹地が多い

種類が多いことだ。チョウノスケソウをはじめ、周北極要素の植物が多数分布し、北半球の植物分布の上からも、学術的にもたいへん興味深い山である。

高山の石灰岩地に氷期から生き残ってきたキタダケソウだが、長年にわたり盗掘にあってきた。現在は、〝貴重な植物を絶やしてはならない〟と、多くの人たちがこの植物を守るための地道な努力を続けている。しかし、盗掘のうえに近年の温暖化がこの植物にじわじわと影響を与えているようだ。ここ数年、特に「温暖化」-「雪の量」-「キタダケソウの減少」の関連が注目されている。また、花の咲く時期も少しずつ早まってきている。平均気温が少しずつ上昇していること、雪が少なくなったことが主な原因かもしれない。

【周北極要素】北極域や高緯度地方を中心として北半球に同心円状に分布する植物。ムカゴトラノオやムカゴユキノシタ、コケモモ、チョウノスケソウなどがある。日本では南アルプスが南限になっているものが多い。

1－18　間ノ岳から農鳥岳へ下る登山道の周辺には様々な形態の凹地が集まっている

この植物の仲間としては、日本では北海道のアポイ岳のヒダカソウ、キリギシ岳のキリギシソウがある。大陸ではサハリンと朝鮮半島の北部にしか分布していない。きわめて貴重な植物群落であるため、最近の気候変動と植物の変化に加え、人による盗掘が、これらの植物でもキタダケソウの場合と同様、大きな問題になっている。

アポイ岳では、カンラン岩を母岩とする土壌に特殊な高山植物が生き残った。この山は標高810mしかないが、稜線には多くの種類の高山植物が分布している。長い間「花のアポイ」と呼ばれ、この山の固有種も多かった。稜線部にはカンラン岩が露出していて、それらは超塩基性の性質をもっているため、氷期からの植物を残存させ、隔離し、進化させる山となったと考えられている。つまり、カンラン岩地に適

1－19　U字谷。左右対称で樋のような美しいU字型をした線状凹地

応した高山植物が氷期以後、低い標高にずっと生き続けてきたのだ。しかし北岳と同様、盗掘によって、ヒダカソウ（写真1-16）も極端に減少してしまった。特殊岩石の影響を受けた貴重な植物には、できるかぎり生き残ってほしい。

4. 間ノ岳と農鳥岳

間ノ岳（写真1-17）と農鳥岳は、北岳とともに白峰《しらね》三山と呼ばれている。間ノ岳も農鳥岳も山頂はとがったピークではなく丸っこい形をしている。また、間ノ岳から農鳥岳へ下る登山道では左右に大小さまざまな凹地を見ることができる（写真1-18）。大きな穴がいたるとこ

1－20　間ノ岳南面の三峰《みぶ》カールでは、上方に植生が多く、底部では乾燥した岩石の山が見られる

ろに開いている感じだ。この地形が壊れやすい砂岩や頁《けつ》岩からできているためで、農鳥小屋から見ると大小の穴が間ノ岳の南面に散らばっているように見える。さらに下ると、きれいなU字谷を思わせる線状凹地が、真下に向かって長く続く（写真1-19）。このU字型は左右対称の樋《とい》のような形をしており、じつに美しい。

これらの地形は礫が移動しやすく、水もほとんど保持できないため、植物が群落を作るにはあまりにも不安定で過酷だ。しかし、近づくと、礫の移動量の違いに対応して、イネ科やカヤツリグサ科の植物が生育していることがわかる。

この長い線状凹地を横切って熊の平へ抜ける登山道がある。30年前には登山道らしい道ではなかったが、現在でははっきりしたトラ

【砂岩】岩片や鉱物粒子などの砂粒が粘土物質、炭酸カルシウム、珪酸などで固まってできた岩石。

【頁岩】砕屑岩のうち、粒径1/16mm以下の泥岩が堆積面に沿って剥げやすい性質をもつもの。堆積後の圧密により粘土鉱物が方向性をもって平行配列するため剥げやすい。

1－21　間ノ岳南面の三峰カールに発達した湿地。高山帯では珍しく苔に覆われた湿地である

バース道になっている。このトラバース道の中間あたりには、大井川の最上流（東俣）にあたる源流部がある。さらに西に移動するとロックグレイシャー（岩石氷河）やカール地形が見られる（写真1-20）。間ノ岳の南面には、山岳地帯の典型的な地形が集約されている。この地形に対応して、植物も周北極要素の植物、カール地形に出現する植物、岩塊斜面に入り込んだ植物、湿地の植物などじつに多様だ（写真1-21）。この多様性に富んだ三角地帯を、生きた博物館として保護すべきだろう。

【線状凹地】山稜の片側が谷側へずり落ちてできた二重山稜の間の窪み。南アルプスでは多く見られる。

【ロックグレイシャー】岩石の多い氷河で、岩石のすき間に詰まった氷が変形して流動することにより形成される。南アルプスでは間ノ岳、荒川三山周辺で見られる。

第2章　周氷河地形

1. 南アルプスの周氷河地形

南アルプスは、過去に何回か氷河の影響を受けた。最も近い氷期は約 1.5 ～ 2 万年前で、その頃には南アルプスの標高 3000m 以上の山々には氷河があった（図 2-1）。丸山から荒川三山までのピークは、東西にのびた稜線上に一列に並んでいる。標高 3000m を超えるピークが東西に並ぶのは日本列島ではたいへん珍しい。日本列島の構造からみると、南北の稜線に西からの風の影響を受け、東側に雪がたまり、これが氷河として発達するのがふつうだ。しかし荒川三山の周辺は、稜線をはさんで南北の両面に、氷河地形のカールが存在する。このうち北側の万之助カール（写真 2-1）、魚無沢《うおなしざわ》モレーン群（写真 2-2）、南側の荒川西カールは有名だ。万之助カールにはロックグレイシャー、魚無沢には大型の氷河地形、荒川西カールにはカール壁とカール底を持つ典型的なカール地形があり、それぞれに特徴がある。

【カール】山の頂上から斜面をスプーンでえぐり取ったような、お椀形の地形。氷期に山岳氷河によって削り取られ形成された地形である。

図２－１　最終氷期から現在の自然史年表。青色の部分は氷期
（小泉 1992、一部改変）

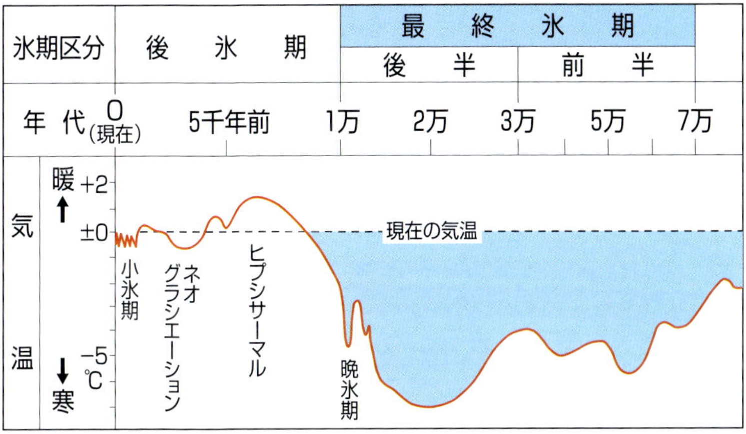

2. 丸山の条線土

千枚岳のお花畑から丸山の頂上に向かっては、なだらかなハイマツの斜面が続く。丸山は標高 3032m だが、地形としては岩稜帯ではなく大きな半球状になっている（写真 2-3）。斜面の傾斜がなだらかなので周氷河地形がいたるところに発達し、条線土、階状土、亀甲土、ソリフラクションローブなどが見られる。すべて土壌が凍結融解を繰り返すことで作られたものだ。特に裸地では、なだらかな斜面の上方から下方に向かって、小石が一列に並ぶような条線土の構造が日本の高山帯ではよく見られる。亀甲土は礫が多角形に配置され、幾何学模様に見える。日本列島では正六角形の亀甲土の例は大雪山のみで報告されている。丸山では階状土が最も多く見られる（写真 2-4）。山頂の周辺はわい性のハイマツ群落だが、ここは階段状になっていて、植物はその垂直面に張りつくように生きている。平面の部分は小礫の裸地だ。このあたりは、西側斜面の大きく舌状に伸びたソリフラクションロー

【周氷河地形】土壌・岩石・水の凍結・融解の繰り返しによって生じる凍結作用、永久凍土の融解に基づく地盤沈下、万年雪による氷食、植生のない周氷河環境下での風食、海氷による海岸浸食などによって作られた地形。

2－1　荒川三山北東側の万之助カール。一部にロックグレイシャーが見られる

ブとともに、まるで周氷河地形の標本園のようである。

周氷河地形の代表的な例は図2-2に示した。周氷河地形が生まれる過程は次のようである。

①凍結破砕作用：岩石の割れ目の内部で水が凍結・膨張し、その力によって割れ目を押し広げ、岩を砕くこと。

②凍上作用：霜柱。土を持ち上げる力。土中の石を地面に押し出す。冬期に見られる霜柱と同じ作用である。

③砂礫移動作用：ソリフラクションとも言う。霜柱によって持ち上げられた礫が、霜柱の氷が溶けるときに、地面の傾きによって違う場所に移動すること。

④熱収縮作用：冬に凍った土が縮むことによって土の表面に割れ目ができて、これがきっかけとなり幾何学的な模様の構造土ができる。

【条線土】斜面の最大傾斜方向にほぼ平行した縞状・条線状の模様をもつ構造土。土壌が凍結融解を繰り返すことにより、土壌中の礫がふるい分けられ、粗粒な礫の帯と細粒物質の帯とが交互に配列してつくられた地表面の模様。

2－2　荒川三山北側の魚無沢モレーン群。両岸に多くのモレーンが存在する

3.岩石の由来と植物の分布

大昔の氷期の影響が鮮明に残っているのは、荒川三山から赤石岳までの稜線だろう。この稜線沿いに分布している高山植物はじつに多様性に富む。その理由の一つとして、山稜を構成している岩石の多様性があげられる。

登山道を歩いていると、千枚岩、砂岩、泥岩、凝灰岩《ぎょうかいがん》、チャート、緑色の岩などが目につく。これらのほとんどは7～8千万年前の白亜紀後期に海底に堆積した砂や泥が、圧力と高温により固い石になったものだ。この海底の岩石は、最近の100万年間に年間3～4㎜の速さで隆起している。この速さだと、100万年で3000～4000mの山がで

【階状土】階段状の形態をもつ構造土。等高線方向に長く延びる平坦な上面と、その前面の小さな急崖とが交互に配列した階段状の微地形。斜面上で凍結に伴う物質移動が起こるとき、粒礫部分や植生のある部分で移動速度が遅くなることによって形成される。

2－3　丸山という名のとおり丸く半球状になっている。南西面にはソリフラクションローブが見られる

2－4　丸山の斜面に形成された階状土。無植被の水平面と植被された面からなる

きることになる。南アルプスは世界でもきわめて速い隆起速度をもつ

【亀甲土】亀の甲羅のように粗礫が六角形に縁取った並びの集まりの構造土。多角形土のひとつであり、地面が凍結するときにできる凍結割れ目に粗礫が集積してできたもの。

図２－２　周氷河地形の代表的な例の模式図　（小泉 1993）

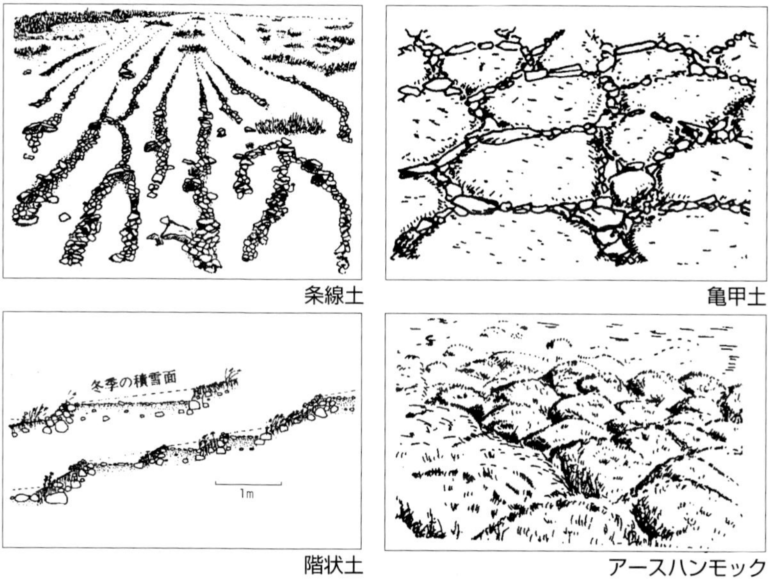

山だといえるだろう。

千枚岩は約300℃の温度、地下15㎞くらいの深さで圧力を受けたものだ。この岩を作っている物質は平たい鉱物であるため、圧力を受けると一定方向に向く性質がある。それで形状が板のようになり、その間に新鉱物ができるとまるで千枚にも重なったようになる。

悪沢岳山頂周辺には砂岩、泥岩の他に緑色の緑色岩や赤色のチャートが現れる。このうちチャート（写真2-5）は濃い暗赤色なのでよく目立つ。この赤い石の層は赤石岳の中腹に多く分布していて、赤石岳という名も、この石の色に由来すると言われている。

南アルプスの特徴的な岩石としてチャートは重要な位置を占めている。チャートの中の鉱物のほとんどは二酸化ケイ素（SiO_2）で、約95％含まれている。この石は、かつて生物の影響を大きく受けて海底でできた点が注目されている。約７～８千万年前に、海中のプランク

【ソリフラクションローブ】斜面上に見られる斜面方向に長く延びた舌状の微地形。斜面の表層部の水で飽和された土壌物質が凍結・融解の繰り返しと重力の働きによって斜面上をゆっくりと移動することにより形成される。

2－5　悪沢岳山頂付近で見られる赤色チャート群とチャート

トンである放散虫などが死んで、その死骸の殻の影響で赤い石ができた。この過程で生物組織の二酸化ケイ素が石英に変化し、その中に含まれていた鉄やマンガンなどの元素によって、赤や緑の色になった。この赤色の色調は、当時の海洋の環境を具体的に知るうえでたいへん貴重なものだ。

この周辺にはほかに、白っぽい石が転がっている。これもやはり7～8千万年前に、現在の長野県伊那谷周辺の火山から噴出した火山灰が、海底で岩石となったものだ。これは酸性凝灰岩といわれ、二酸化ケイ素が70～80％あるため白っぽく見える。伊那谷由来のものが一度海の中に積もって固まり、この山に再び現れたのだ。

これらさまざまな岩石が風化してできる土壌は、それぞれ性質が少しずつ違っていて、その上に生育する植物もまた異なっている。

【構造土】土壌中の水分が凍結と融解を繰り返すことによって、礫がふるい分けられ、地表面に形成された幾何学的な模様。条線土、亀甲土、階状土、多角形土などが挙げられる。

2－6　北極域で見られる周氷河地形である多角形土は大きく形がはっきりとして広範囲に及んでいる

4．北極域の周氷河地形と植物

周氷河地形は、北極域の氷河の周辺ではよく見られる地形である(写真2-6)。この地形は、現在は氷河がなくても、凍結融解が頻繁におこる寒冷な気候帯では見ることができる。つまり、そこでは現在さかんに凍結融解作用が生じているということだ。北極域の例で、周氷河地形を説明しよう。北極域には現在も氷河が存在し、その周辺に大型の礫が多角形の状態で並んでいる平地がいたるところにある。ここには多角形大型亀甲土が発達していて、時間的変化にともない、植物が分布している。

【泥岩】シルト及び粘土の大きさの粒子から構成される堆積岩。
【凝灰岩】火山灰が固結して形成された岩石。
【チャート】硬く緻密な微粒珪質堆積岩の総称。赤っぽい色をしていて、南アルプスでは赤石岳、悪沢岳などでよく見られる。

２－７　北極域スバールバル諸島で見られる六角形の多角形土

典型的な例として、北極域スバールバル諸島のものがある（写真2-7）。多角形の中心部は、凍結融解によって地中内部から礫が地表に押し上げられ、これが周辺に移動していく。大きな石が並んで作る多角形の周辺部は現在安定した状態だ。したがって凍結融解による変動の大きい中心部には、植物群落の遷移の初期に現れるイネ科草本植物が育ち、周辺には水分条件の良いところを好むムカゴユキノシタやコケ類が育つ。日本列島では大雪山にこの例があり、現在は研究対象として大切に保護されている。

【二酸化ケイ素（SiO_2）】石英・水晶・鱗珪石として、天然に産出。シリカ。

【放散虫】軸足虫門の生物の一群。海産浮遊性原生動物。原形質からなる軟体部と、骨格及び殻からなる。骨格や殻は主にシリカからなり、化石として産する。

第3章　悪沢《わるさわ》岳

1.周北極要素の植物

荒川三山と丸山はそのピークが標高3000mを越えていて、丸山以外の稜線は岩稜となっている。この東西にのびる山塊には、北極域を中心として南下して来た植物群が分布している（写真3-1）。日本の高山帯には周北極要素の植物が数多く分布しているが、南アルプスのこのあたりが分布の南限になっている。かつて稜線の両側に氷河が発達していた頃には、その周辺に周北極要素の植物が生存していたのだろう。

周北極要素の植物としてはムカゴトラノオ、ムカゴユキノシタ、チョウノスケソウなどがあげられるが、チョウノスケソウはここよりさらに南の光岳に隔離分布している。ここでは北極域に生育しているムカゴユキノシタと分布の南限にあたる南アルプスのムカゴユキノシタについて詳しく述べよう。

3－1　稜線のお花畑には周北極植物が見られる

3－2　ノルウェーのスバールバル諸島のわずかな短い夏に現れた土壌の表面

2. ムカゴユキノシタ

3－3　北極域のムカゴユキノシタ。大型の白い花は種子を作らず、赤いムカゴで子孫を残す

（1）北極域のムカゴユキノシタ

ノルウェーのスバールバル諸島は北極点にいちばん近い島で、日本列島までの距離は約6000kmである。ここは大小さまざまな島からなる群島で、地表のほとんどが雪と氷に覆われているが、夏の季節には、少しだけ土の表面が現れる場所がある（写真3-2）。

スバールバル諸島の夏に見られる植物の仲間の多くは、日本の高山のものとほとんど同じようにみえる。なかにはムカゴユキノシタやムカゴトラノオのように、分類学上全く同じとされるものもある。日本のものとこれほど似た植物が北極域にも分布している理由は、ここ約10万年間の地球の気象環境の大きな変動、つまり氷期と関連している。

ムカゴユキノシタ（写真3-3）は、直径1～2㎜の細い茎を10㎝ほど伸ばし、茎に5㎜ほどの小さな白い花、中間に赤いムカゴをつけるユキノシタ科の多年草である。地表に落ちるとそのまま地中から芽を出すムカゴと、花を咲かせて受粉した種子の両方の手段で繁殖する。しかしきれいな花をつけるものの、種子を作ることはほとんどない。

この植物は日本の南アルプスが南限で、長い間に南アルプスの中部にまで分布を広げたが、現在でははんのわずかが生き残っているだけだ。

ユキノシタ科の植物は種類が多く、北極域や北半球の高山に数多く

【ムカゴ】花茎などの軸に生じた芽がその個体から離れて新個体を作るものをいう。三倍体などの結実不能のものに多い。親個体と同じ遺伝子を持つ。高山ではムカゴトラノオ、ムカゴユキノシタで見ることができる。

3－4　日本に分布するムカゴユキノシタは八ヶ岳から南アルプス中部の湿った岩場に生育している

分布していて、ヒマラヤ、ヨーロッパアルプス、ロッキー山脈などの氷河の近くには必ず現れる。こういった分布の理由はまだわかっていない。長い間に日本列島にまで分布を広げたムカゴユキノシタは、この謎を解き明かす〝カギ〟を握っている植物かもしれない。

（2）南限のムカゴユキノシタ

現在の日本列島には、氷期に北極域から来た周北極要素の植物群が、限られた高山帯にかろうじて生き残っている。なかでもムカゴユキノシタ（写真3-4）は急速に数が少なくなっている。分布域もきわめて限られていて、八ヶ岳から南アルプスの中部にかけての、湿った岩場だけに生育している。

この植物の特徴は花茎に20～30個のムカゴをつけることで、米粒ほどのムカゴは地面に落ちると発芽して新しい個体を作る。ムカゴに

３－５　ムカゴユキノシタの赤紫のムカゴから緑色の葉が成長している様子

よる有効な繁殖手段を持つにもかかわらず、この植物が分布をもっと南へ広げることができなかったのは、日本列島の暖かな気候によるものだろう。たしかに南アルプスの高山帯は平地に比べてずいぶん気温も低く、雪も多い。しかしそれでも、北極域よりはるかに夏の気温は高く、雨も多量に降る。こういう環境では、標高の低い所で活躍する植物が高山帯に分布を広げることができる。じわじわと標高の高い場所に上って来て、古くから生育してきた高山植物と現在では競争をしている。現在わずかながら生きているムカゴユキノシタは、大きな岩石に囲まれた特殊な生活場所だけに生き続けている。この植物が最終氷期以後の長い間、子孫を絶やすことなく生き続けられたのは、高山の岩稜帯になんとか生き続ける場所があったからだ。ムカゴユキノシタのような特殊な植物が生き残れる場所を、レフュージアと言う。

厳しい環境では植物は確実に子孫を残すための工夫をする。ムカゴ

【最終氷期】第四期更新世の最後の氷期。約７万～１万年前まで。

【レフュージア】環境の変化のため、ある地域の植物が絶滅方向に向かった場合、ごく限られた狭い場所にその変化を免れて植物が生き残った場所。環境変動に対する避難地といわれている。

３－６　周北極植物の一つであるタカネマンテマは、奇妙な形をしているため一度見たら忘れられない

という形態は、受精という繁殖様式のみに頼らず、栄養繁殖により子孫を残すための重要な役割を果たしているのだ。もっとも、この植物の花はもともと種子をほとんど作ることができない性質なので、もっぱらムカゴによって分布を広げるしかない（写真3-5）。

最近、南アルプスではムカゴユキノシタの花をほとんど見ることができなくなった。温暖化や人の影響によるものだろう。高山の厳しい環境の中でムカゴという繁殖の手段をもっているこの植物は、環境の変化に対する避難地（レフュージア）と高山植物の生存について調べる上でも、たいへん貴重な存在だ。

３. タカネマンテマ

氷期の終わりごろ、約１万年前に日本列島の中央部あたりまで氷河

【栄養繁殖】遺伝子の交配を伴わない増殖方法の無性生殖。栄養繁殖は、ムカゴ形成、不定芽形成、地下器官の成長・分離によって行われる。作られる個体は親個体と同一の遺伝子型を持つ。

が南下してきた。この地域には、氷期に分布を広げた植物の子孫、周北極植物がかろうじて生き残っている。荒川三山や北岳のタカネマンテマ（写真3-6）は典型的な周北極植物で、この植物の仲間は北半球の高山やヒマラヤ、北極域の氷河周辺に数多く見られるが、日本列島にはわずかしか残っていない。この仲間として、ほかには、北海道のアポイ岳に、固有種のアポイマンテマがある。

３－７　北極域のタカネマンテマの仲間。ボンボリのような花

タカネマンテマの花の形はとても変わっていて、一見花のような丸い部分はガクである。ガクがふくらんで、雛壇にかざる「ボンボリ」のような形をしている。草丈は10㎝ぐらいで、ほとんどが岩陰や高山草原の中に群生し、７月から８月にかけて直径１～2㎝ほどの長楕円形の花が咲く。

北極域や南アルプスの標高3000m近い高山では、夏でもかなり気温が低い。しかし、この〝ボンボリ〟のようなガクに太陽の直射光があたると内部は急速に暖まって、訪花昆虫が集まりやすくなる（写真3-7）。

北極域のタカネマンテマのボンボリの中の気温を測定してみた。ボンボリは丸く膨らんだ球形になっていて、よく晴れた日にその空間に温度計を差し込み測ってみると、内部は外の気温より５～6℃高かった。この温度は北極の低温の夏に、内部の組織の成長に大きな助けとなっているだろう。また、タカネマンテマの仲間に近いヒロハノマン

３－８　カナダ・北極域のエルズミア島のお花畑。夏期、ジャコウウシのエサ場となる

テマのように、夕方に咲き始めて「匂い」を出すものもある。

北極域にはこの仲間が多い。北極点に近いカナダのエルズミア島とノルウェーのロングイヤービーン島には、わずかではあるが、植物がよく生育している「極地のお花畑」のような場所がある（写真 3-8）。しかしこういう場所は、トナカイやジャコウウシのよいエサ場になってしまっている。舐めるようにすっかり植物が食べられてしまったなかで、タカネマンテマだけ無キズで生き残っていることが多い。たぶん、人には感じられない特殊な匂いの他に、なにか「まずい」ものが含まれているのだろう。この植物は、低温に対する有利な性質を受け継いだまま、日本列島で生き続けている。氷河の置きみやげのひとつと思われるが、この植物の個体数は、今ではごく少なくなって見かけられなくなった。

３－９　岩の表面に生える細いひげのようなイワヒゲ。厳しい環境に適応するための独特の能力を持つ

４. イワヒゲ

標高3000mを超える荒川三山の稜線は、岩がむき出しになっているところが多い。そんな岩場にも植物は生きているが、主にコケや地衣類だ。そこに一緒に、イワヒゲ（ツツジ科）が岩の割れ目に根をおろしている。この植物は、直径3㎜ぐらいの枝に、長さ5㎜ほどの小さな葉をウロコ状に付けている（写真3-9）。岩壁から垂れ下がる枝はほんの数㎝ほどだが、これでも木である。ただし年輪は小さすぎて読み取ることができない。しかし枝には過去に付いていた葉の跡がしっかりと残っていて、これを20年ほど前までさかのぼって読みとることができる（図3-1）。葉の付き方を年ごとにグラフ化してみると、よく成長した年とそうでない年がはっきりとわかる。

葉は強風や乾燥の厳しい条件に耐えられる常緑葉で、冬にも分厚い

【地衣類】岩や樹木の表面などに生育する菌類と藻類の共生体。高山帯の岩の表面でよく見られる。

図3－1　イワヒゲの葉のつき方。寒冷な環境に耐える構造をしている

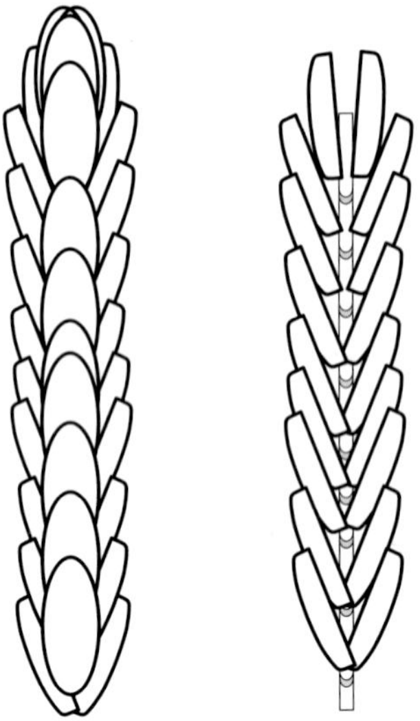

葉を保ち、雪解け後すぐに光合成ができるようになっている。

この葉は茎を包み込むように丸まっていて、内側は気孔を保持する特殊な構造だ。丸まった内側の空間は強風や極端な温度の変化を緩和できるようになっていて、外界との出入口は「すだれ」のように細い毛が密生している。この構造のおかげで空気の出入りが制限されるので、無駄な水の損失を防ぎ、水の吸収が難しい岩場でもうまく水を利用しているのである。悪沢岳の北側の岩場ではまだほとんどの植物の花が咲いていない時期に、いくつも鈴が垂れ下がったような白い小型の花を咲かせている（写真3-10）。

5. コケモモ

南アルプスの稜線沿いではどこにでも見られる多年生のわい性低木で、一年中緑の葉をつけている。葉は3年間生き続けて、冬の間も雪の下で緑を維持する。春先には雪が解けるとすぐに光合成を開始し、活発な夏の季節を経て、晩秋でも気象条件の良い時には光合成を行うことができる。春から夏にかけては、古い葉を落とす際に葉の中の養分を枝にもどす、という工夫もして生きている植物だ。

晩秋にハイマツ帯を歩くと、淋しくなった山道に、真っ赤に実ったコケモモが出現する（写真3-11）。おいしそうな果実がついているの

【気孔】光合成、呼吸、蒸散などのガス交換における空気や水蒸気の通路である。葉の表皮にある2つの孔辺細胞に囲まれた小間隙。普通、葉の裏面に多い。

3－10　岩に張り付くように生育するイワヒゲは初夏に白い花を咲かせる

3－11　秋期に赤い果実をつけるコケモモ。高山に住む動物のエサとなる

はたいていハイマツ林のふちの、日あたりの良い場所だ。このような

【多年生】２年以上個体が生存する性質。多年生の植物は、地上部は秋に枯死するが、地下部は生きているため、春に同じ個体から地上部を展開することを繰り返し、何年もの間生育する。

場所では十分に光合成ができて、葉からも養分をもらえるため、果実がよく熟すのである。しかし、この植物は日あたりの良いところだけでなく、森林限界の林の中にも広く分布している。

種子は液果の中に入っていて、そのまま土の上に落ちてもなかなか発芽しない。液果の中では発芽しないようにコントロールされているのだ。この実の成熟を待っている動物はたくさんいる。例えばライチョウが食べた場合、フンの中に残った種子はよく発芽する。高山で動物が植物の分布拡大に貢献する良い例である。

コケモモについて北半球での分布を調べてみると、じつに興味深いテーマが見つかる。大陸では北極域を中心に、シベリア南西部から中国の長白山あたりまで広く分布し、日本列島では北海道から南アルプスまで分布している。しかも分布の最も南は飛び地のように九州の中央部だ。九州の群落は氷期に大陸から来たものか、あるいは日本列島の北から来たものか、現在それを明らかにするためDNAの解析が行われている。

【液果】果実。受精の後、子房壁が肥大して果皮となり、熟した子房の中果皮が多肉質または液質で水分を多く含む。成熟後も乾燥しないでやわらかな果皮を維持する。

第4章　中岳—カール3兄弟—

1．完璧なカール地形

荒川三山の最高峰は標高3141mの悪沢岳だ。山頂付近は大型の岩が重なりあった岩稜で、一見岩しかないように見えるが、その周辺には植物が集まっている。砂岩からなる岩の表面には多くのひび割れがあるので、ここに植物が着きやすいのだろう。中岳に向かって西へ下る斜面には特にみごとなお花畑が見られる（写真4-1）。登山道沿いにガンコウラン、チョウノスケソウなどのわい性低木が敷きつめられたように生えている。イネ科やカヤツリグサ科の植物の密度も高く、その中に色とりどりの草本植物の花があざやかだ。このお花畑は急斜面にあるにもかかわらず、水の供給がどこかからあるらしい。同じような風景は「荒川のお花畑」でも見られる。

ここから中岳、前岳へと移動する間、常に南側の下面に荒川三山の氷河地形であるカールをのぞき見ることができる。形の異なる3つのカールが並んだ、〝3兄弟のカール〟だ（写真4-2）。西側の前岳南東面カールはカール地形としてほぼ完璧なものといえる。中央のカールは、大型の岩が並ぶしっかりしたターミナルモレーンが残っているが、

【ターミナルモレーン】カール氷河や谷氷河の末端にできるモレーン、あるいはその地形を構成する氷成堆積物。

4－1　悪沢岳から中岳に向かって西へ下る斜面のお花畑

岩ばかりなので水がたまらず、カール底は存在しない。東側のカールの悪沢岳南西面のものは、ターミナルモレーンがすっかり流され、そのままＶ字谷へと続いている。このあたりはいろいろな岩石帯が集合していて、登山道を歩いていると色の異なった石が現れる。それに対応して植生もまた多様だ。

ここでは西側のカールについて詳しく説明しよう。このカール内面には前岳と中岳の鞍部から荒川のお花畑に抜けるトラバース道が通っている。このトラバース道からカール内の地形や植物群落がよく見える。カール地形の標本の中を歩いているかのようだ。

中岳南面の稜線直下はカール壁になっていて、稜線に沿って登山道が通っている。この稜線から下方に「カール壁」、「崖錐《がいすい》」、「沖積錐《ちゅうせきすい》」、

4－2　冬期の雪に覆われた中岳南面の３つのカール

「カール底」、「モレーン」、「岩石氷河」（写真4-3）と順に見ることができる。カールの断面を図示すると図4-1のようになる。

【カール壁】

稜線の直下にあたり、斜面の傾斜は50°前後以上と急斜面だ。そのため、岩屑《がんせつ》をほとんどかぶらず、露岩壁が連続して見られる（写真4-4）。ここは氷河による侵食面で、最終氷期中に形成されたようだ。氷河が消失したあと、岩盤の凍結破砕などの風化作用を受けてきた。カール壁が崩れて生産される礫は、次に述べる崖錐の形成に役立っている。

【崖錐】

斜面の傾斜によって、上部の崖錐と下部の崖錐に分けられ、この両

【岩屑】大型の岩石が風化分解して生じた岩石の破片、すなわち小型の岩片。

4－3　荒川三山の中岳南面の西側に位置するカール。稜線から下方にカール壁、崖錐、沖積錐、カール底、モレーン、岩石氷河が見られる

方でカール内の広い範囲を占めている。空中写真から判断すると、急傾斜の上部崖錐と、やや傾斜のゆるい下部崖錐、に分けられる。上部崖錐の傾斜は30°～35°程度、下部崖錐の傾斜は20°～25°程度であることが、現地調査で確認された。

【沖積錐】

上部崖錐と下部崖錐の下にあって、末端はカール底にまで達している。下部崖錐形成後から現在にかけて、少なくとも何度かの土石流によって形成されたようだ。小さい礫や砂の層が見られ、斜面が安定している。高山高茎草本群落が発達しやすい。

【カール底】

最終氷期の極相期までに形成された部分と、その前の晩氷期までに

【晩氷期】最終氷期を三分する場合の最後の時期。2万年前後を挟む最氷期または主ウルムの極相以後約1.5万～1万年前までの氷河後退期。

図4－1　カールの断面。上部から下部へ、カール壁、崖錐、沖積錐、カール底となる。カールの下部の縁はターミナルモレーン

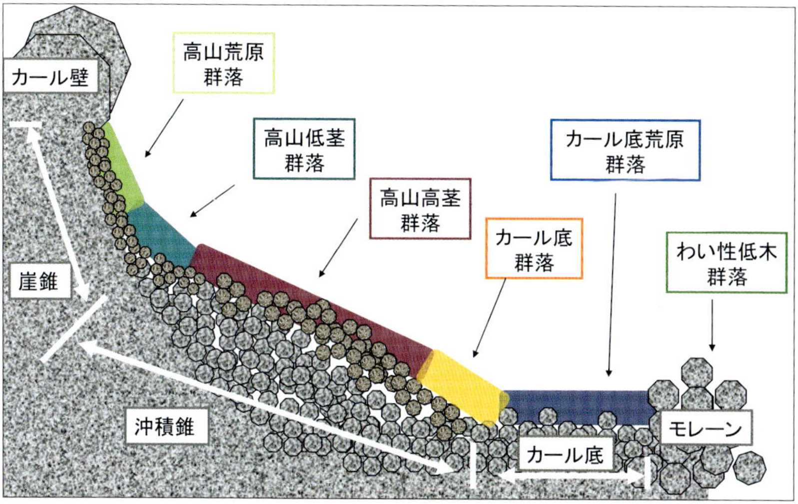

形成された部分とがある。どちらもごく平坦な地形で、部分的に砂礫斜面になっている。カール内では最も雪解け時期が遅く、年によっては水たまりが見られる。

2. カール地形と高山植物群落

西側のカールの南東部には、石の塊が畝《うね》のようになっている岩石氷河の地形がある。大型の岩石に囲まれた部分には主に地衣類などの特殊な植物群落が見られる。さらに下の方には、氷河地形の証拠である「羊背岩《ようはいがん》」があることを確認した。地形学的には次のように分けられる（図 4-2）。

1　上部崖錐…カール壁から供給される礫が堆積、またはそれがさらに運ばれて堆積してできた斜面。傾斜は急で（40° 程度）崩れやすい。

【羊背岩】氷河の移動により研磨され、基盤岩が円滑な瘤状になったもの。表面には溝型や擦痕《さっこん》が刻まれている。

4－4　露岩壁が連続して見られるカール壁。この岩場にはハイマツが生育している

2. 下部崖錐…崖錐の礫が運搬・堆積してできた斜面。傾斜は少しゆるやか（25 ～ 30° 程度）になる。
3. 沖積錐…崖錐斜面の物質が水によって運ばれ、堆積してできたゆるやかな斜面（10 ～ 20° 程度）。
4. カール底…なだらかな凹地状になっている。大雨の後などには水たまりができる。
5. モレーン…形成時期により 4 つに分けられる。大きな岩塊で丘状になっている。
6. 岩石氷河…大きな岩塊で覆われている。

カール内にそれぞれどのような植物がどこに分布しているかを知るためには植生分布図が必要である。さらにカール内を目で見て区分できる群落については、植生のタイプが 6 つの群落に分けられる。(1) ハイマツ群落、(2) 高山荒原群落、(3) 高山低茎群落、(4) 高山高茎

図４－２　中岳南面のうち、最も西側に位置するカールの地形学図

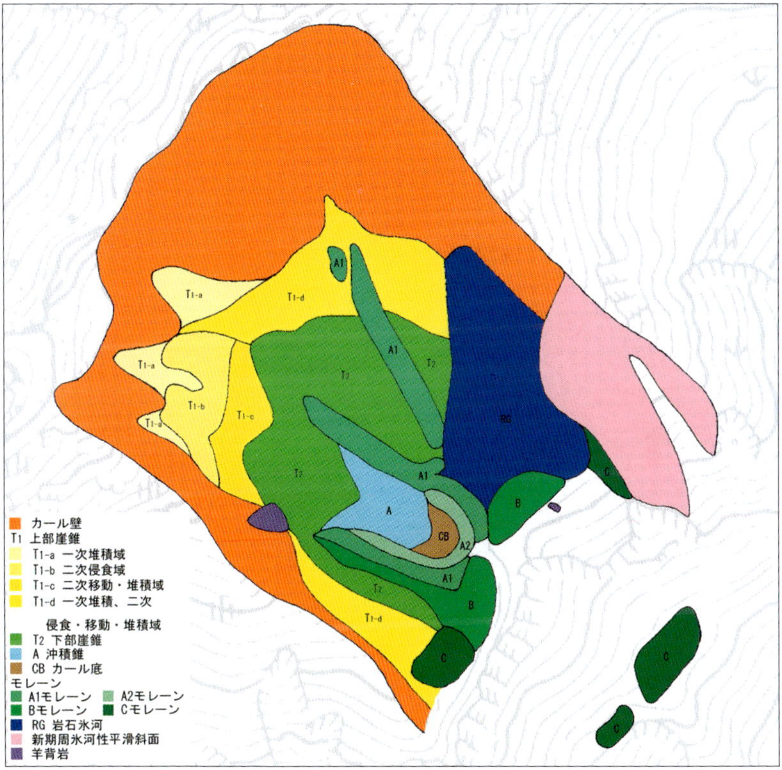

群落、(5) カール底群落、(6) カール底荒原群落である。そのほか、カール内には小規模ながら、部分的に雪田群落・わい性低木群落・蘚苔類《せんたいるい》群落が見られる。カール壁の下部では現在も崩壊が続き、裸地になっている部分もある。ラテラルモレーンおよびターミナルモレーンは、ほとんどの部分がハイマツで覆われている。

高山荒原群落では、オンタデがほとんどを占めていて、ほかにはタカネヒゴタイ、チシマギキョウが見られる（写真 4-5）。高山高茎群落では、花茎の高さ 50 ～ 60㎝の植物としては、ハクサンイチゲ、タカ

【雪田】高山帯の凹地で、遅くまで雪が堆積して残っている場所。その周辺には雪解けに沿って同心円状の植物の分布が見られる。

4－5　オンタデが優占する礫移動の激しい高山荒原群落。
上部崖錐にあたる

ネヨモギ、クルマユリが生育しており、密度の高い、いわゆる高山の「お花畑」を作っている（写真4-6）。カール底荒原群落は単純な植生で、タテヤマキンバイとコメススキがほとんどだ（写真4-7）。

周北極植物群のうち、多くの種類がカール周辺に分布しているが、チョウノスケソウはカール壁上部の稜線上に分布している。また、ムカゴトラノオは、カール内の高山高茎群落とカール底群落内に多く生育している。キンポウゲ科の植物3種、ハクサンイチゲ、シナノキンバイ、ミヤマキンポウゲは地表面の礫の大きさと水の条件によって、それぞれ特定の分布の形態を示している。

分布図上の植物群落と地形の関係は次のようになる（図4-1）。

1. 高山荒原群落―カール壁～上部崖錐
2. 高山低茎群落―上部崖錐～下部崖錐
3. 高山高茎群落―下部崖錐～沖積錐

【蘚苔類】蘚類と苔類を同時に呼ぶときに使う言葉。蘚類は、葉と茎からなる茎葉体を形成し、茎には中心束、葉には主脈が分化する。苔類は、蘚類と同様に茎葉体を形成するが、蘚類と違って植物体に背腹性がある。

4－6　植物の種類が最も多い高山高茎群落。沖積錐にあたる

4－7　植生の乏しいカール底荒原群落。雪解け時や降雨のあとには水がたまる

【ラテラルモレーン】氷河上に乗った岩屑が谷壁との間にできた空隙に滑り落ち、それが氷河の厚さの増大とともにしだいに積み上がってできる。谷氷河の両側縁に沿って帯状に集積するモレーンのこと。

4－8　ハクサンイチゲの群落

4. カール底群落―沖積錐下部
5. カール底荒原群落―カール底
6. ハイマツ群落―カール壁、モレーン、岩石氷河
7. わい性低木群落―モレーン、岩石氷河下部

以上のようにカール内の地形と植物群落については、おのおのに特徴的な関係がある。

3. お花畑を彩るキンポウゲ科の植物

日本の高山では、各地でキンポウゲ科の植物であるハクサンイチゲ、ミヤマキンポウゲ、シナノキンバイが大きな群落を作ることが知られている（写真4-8）。南アルプスのカール地形内でも、これらの群落を

４－９　カール内にはハクサンイチゲ、ミヤマキンポウゲ、シナノキンバイが分布している。水条件によって生育場所が異なる

見ることができる。ハクサンイチゲは３種の中で最も分布が広く、水分が十分にあるお花畑にも、乾燥していて条件の悪い急斜面の高山荒原にも生育している。シナノキンバイ、ミヤマキンポウゲは、雪田の近くや、水が集まる湿潤な場所のなだらかな斜面に生育し、大きな群落を作る。特にミヤマキンポウゲは周囲より少し低い、溝のようになっている地形によく育つ。

キンポウゲ科の３種が、カールの中でそれぞれ生育する環境と形態の違いに注目し、なぜ３種が異なる場所に生育するのかを調べた（写真 4-9）。

A. ミヤマキンポウゲは沖積錐の水分の多い溝に多く生育することがわかった。ここの土壌には、植物が腐った腐植（リター）が多く含まれていた。リターは水を保持する能力があるので、カール内でも水の条件が良い場所といえる。溝などの水が集まる場所に育つミヤマキ

４－１０　白馬岳大雪渓のミヤマキンポウゲの大群落

ンポウゲは、水分、養分ともに豊富な場所を好んで生育しているようだ。有名な白馬岳のミヤマキンポウゲの大群落も、雪解け水が十分に供給される場所に分布している（写真 4-10）。

B. ハクサンイチゲ（写真 4-11）は、溝からやや離れたところに多く出現したが、カール壁の下の高山荒原にも生育している。つまり、ミヤマキンポウゲの生育するような好環境下にも育つが、乾燥した貧栄養の環境でも生育できる幅広い性質を持つと考えられる。

C. シナノキンバイはミヤマキンポウゲと似た場所に生育する。カール内でもシナノキンバイは沖積錐下部に多く、高山高茎群落の主要なメンバーだ。モレーンの外側にあたる雪田近くにも多く見られた。ハクサンイチゲと同じような条件のところに分布するシナノキンバイだが、ハクサンイチゲより少し遅れて咲き始める（写真 4-12）。

以上をまとめると、ミヤマキンポウゲは土壌に水分が多く、養分が豊富で比較的安定的な環境の良い場所に多く、キンポウゲ科３種の中

4－11　白いハクサンイチゲ。幅広い環境に分布している

4－12　高山のお花畑では大変よく目立つシナノキンバイの花

で分布域が最も狭い種だと考えられる。ハクサンイチゲは、ミヤマキ

4－13　近寄って葉群の中をよく見ると見えるガンコウランの花

ンポウゲが生育するような好環境の土壌から、乾燥した貧栄養の高山荒原まで、広い地域に分布し、その分布域を最も広げやすい種である。シナノキンバイは、この2種の中間の性質をもつ種類といえる。3種とも、花茎が最も高いと50～60cmになるため、花をつけた群落はトラバース道からよく見える。

4.ガンコウラン

日本の高山で、森林限界の付近から上に必ずといってよいほど現れるのが常緑葉をもつガンコウランである（写真4-13）。ハイマツ群落の先端部分は強風をまともに受ける。こういう場所や、岩場で風と雪が強烈に吹きつける場所にも必ず現れる。南アルプス南部のカール内でも広く分布している。逆境に強い高山の常連だ。

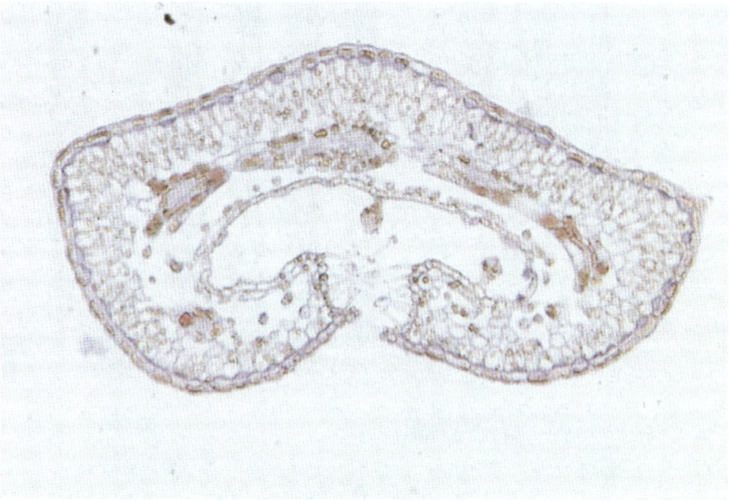

4－14　ガンコウランの葉は裏側に反り返って丸まっている。寒さと乾燥に適応している

標高3000m近い高山の尾根は岩石がむき出しになっていて、強風が尾根にあたる。特に冬の間の吹雪は常緑葉をもつ植物にとっては最悪の条件だろう。そんなところにも生き続けるのが、ガンコウラン、コメバツガザクラ、イワヒゲなど、冬の間にも緑の葉を持ち続ける高山植物の仲間である。冬を越した葉は、春先に雪が解け始めるとすぐに光合成を開始する。

条件の悪い環境を生活場所としながら生きられる理由は、葉の構造にある。ガンコウランの葉の断面を顕微鏡で見ると、長さ1cmもない葉はくるりと裏側に巻き込んでいて、ひらべったい筒のような形になっている。写真4-14で見られるように、両側から合わさった葉の縁には毛が生えていて、気孔を強い風から守っている。葉の表面が厚いロウ物質（クチクラ層）に覆われていて、さらに内側に巻き込むことで気孔が守られているため水分の蒸散が防げる。それで水の少ない

【クチクラ層】表皮細胞の外側にロウ物質や脂肪酸の層が形成される。植物体内からの水の発散を防ぎ、外部からの物質の侵入を調節する働きをもつ。

強風があたる岩場でも生きていける。

9月の中旬には紫色の小さな甘酸っぱい果実をつける。雄株と雌株があるが、圧倒的に雄株が多く、果実はなかなか見つからない。ガンコウランの実は、野生動物にとって貴重な秋の食料だろう。

ガンコウランが群落となって分布している様子は、風の強い環境の中で、カーペットのようだ。葉は密着していて、晩秋にはその葉の中に黒紫色の果実をつける（写真4-15）。この植物は高山で雪崩などの自然現象による「撹乱」が生じた時にも、〝緑〟の回復のために重要な役割を果たしている。群落を作っている一本一本の枝（シュート）は、中央部と周辺では形と役割が異なる。中央の密生した部分のシュートは葉を密につけることで、しっかりと光合成を行う「構成枝」。群落の周辺部はすばやく成長して枝を伸ばし、裸地に分布を広げていく「先行枝」である（写真4-16）。先行枝は葉の節間が広く、枝も長く先へ先へと進む能力をもっている。どちらの葉も常緑なので、葉には2～3年分の養分を蓄えることができる。

登山者に踏みつけられて裸地化してしまっていた百間平、茶臼のお花畑で調査を行った。約8年間で、この植物の先行枝が勢いよく伸び、裸になっていた地表面が覆われつつあった。裸地化した高山帯の回復には、ガンコウランの働きが重要と思われる。

5.ムカゴトラノオ

登山道を歩いていると、イネ科の植物と混じって、黄色や赤い実をつけた花茎がよく目立つ。タデ科のムカゴトラノオである（写真4-17）。ムカゴトラノオは、極地から日本列島の南アルプスまでの広い範囲に分布している代表的な周北極植物だ。名前のとおり、虎の尾っぽのように花がつらなり、その下にムカゴもついている。

【構成枝】 主軸の腋芽から分枝した側枝であり、パッチの上方に伸びる枝。群落の構造を安定化する時に発達する。

【先行枝】 主軸であり、地面に這って横に広がるように伸びる枝。群落の拡大時に発達する。

4－15　ガンコウランの黒紫色の果実。高山に住む動物のエサとなる

4－16　ガンコウランの長く伸びた先行枝。この部分が伸長して群落を広げる

4－17　ムカゴトラノオは花茎の上方に白い花を、下方に赤紫色のムカゴをつける

ムカゴとはごく小さなイモのようなもので、植物の体の一部でありながら繁殖能力を持っている。地面に落ちるとそのまま親と同じ姿に育っていく。日本固有のムカゴをつける植物の例としては、ヤマノイモがあげられる。ムカゴトラノオの場合は花が咲いても、種子を作らずに落ちてしまうため、繁殖においてムカゴは重要な役割を果たしている。

カール内にも、ムカゴトラノオは多い。しかしその分布は、高山高茎群落と、カール底群落の2カ所に集中的に分布している。ただし、同じ種でありながら、それぞれの群落によってムカゴトラノオの形態に違いがある。高山高茎群落のムカゴトラノオは、花もムカゴもつける花茎を持つが、カール底群落のムカゴトラノオはムカゴだけをつけて、花を咲かせないものがほとんどだ。

カール底は他の場所より遅くまで雪が残る。したがって、カール底のように生育可能な期間が短く、植物の成長にとってより厳しい環境では、花をつけずにムカゴだけをつけ、繁殖の機会を少しでも多くしようとしているのだ。

さらに面白いことに、この植物は土の中に3年先の分まで芽を貯蔵している。顕微鏡でこの芽をよく見ると、1年分ごとの葉の枚数や花茎の数がすでに決まっていることがわかった。花茎につける花とムカゴの数は前年の夏にはすでに決められている。何年分ものプログラムをじっと土の中で保存しているようだ。厳しい環境の中で生き抜くために、計画的にしっかり次世代を育てているということだろうか。

第５章　前岳と植物群落

１. 風衝地の植物群落

標高 3068m の前岳は、荒川三山の最も西側にある。長野県側の西面は大きな崩壊地で、現在急速に山肌が崩れている。頂上直下も大きくえぐれていて、年間に 1 ～ 2m ほどの幅でけずり取られているため、この 3000m 級の山の山頂はまもなくなくなってしまう運命にある。ここは一年中西からの風が強く吹きつけるところだが、山頂とその東側は岩稜帯ではなく、わい性低木が主体の風衝地だ（写真 5-1）。西側からの風が絶えず強く吹くせいか、キバナシャクナゲやクロマメノキの樹高はきわめて低く、地面に張りつくような格好をしている。この山の周辺には風衝地の植物に加え、周北極植物であるチョウノスケソウも分布しているが、これはほかの植物よりさらに背が低く、カーペット状になっている。分布域としてはこのあたりが南限といわれてきたが、ここより南の遠く離れた光岳にわずかに分布している。ここでは代表的な風衝地の植物を解説しよう。

【風衝地】山の斜面や稜線など、遮るものがなく風が当たる場所。強風の影響に抵抗できる植物群落が発達する。

5－1　前岳山頂付近の風衝地を覆う、わい性低木群落

2.チョウノスケソウ

日本列島でのチョウノスケソウの分布には、かなりかたよりがある。北海道の高山帯では極端に数が少なく、本州では八ヶ岳や南アルプスの一部だけに集中して分布している。

しかし日本列島より北方の北半球には広く分布していて、アラスカではいたるところに生育している（写真5-2、5-3）。最も北では、北極点に近いスバールバル諸島で見ることができる。北極域周辺に分布していたこの植物は、過去の何回かの大きな氷期に、氷河と共に日本列島まで移動して来たらしい。氷河と共に来たチョウノスケソウがこれまで最も南に来た地点は、日本列島では南アルプス南部の光岳であ

5－2　アラスカのデナリ国立公園にはチョウノスケソウ群落が広く分布している

ることがわかっている。

北極域を中心に分布していたものが同心円状に南下し、長い間に各地に定着したチョウノスケソウのような植物を、「周北極植物」という。日本列島のチョウノスケソウが北極域のものと全く同種であるかどうか、まだはっきりしていない。外見上は葉の形や大きさが少し異なるくらいで、ほとんど区別がつかない。したがって学名はどちらもDryas octopetalaである。花弁は8（octo）枚で太陽が動く方向に顔を向け、花の中心に光を集めるような構造だ（写真5-4）。

氷期に移動してきたこの植物が、日本の高山に残されてからどう変化したのか。アラスカと、日本中央部の南アルプスに生育するチョウノスケソウの、形や光合成の能力を比較研究した例がある。その結果、同じ日照時間で最大の光合成量をみると、日本列島のものがアラスカのものよりはるかに多くの光合成をしていて、成長するための最適温度がアラスカ産より高いことがわかった（図5-1）。

5－3　アラスカのチョウノスケソウ群落はパッチ状に海岸まで広がっている

チョウノスケソウが育つ夏の季節は、アラスカでは白夜になるので、一日中光合成をすることができる。24時間の稼働である。それで日本産のものより光合成の効率が低くてもかまわないわけだ。姿はそれほど違わないものの、何万年もの間に、日本列島の高山環境に合うように性質が変わったようだ。

八ヶ岳では、チョウノスケソウは風あたりが強く雪がほとんど着かないところにパッチ状に生育する。一方、南アルプスのチョウノスケソウは、風の通り道に大きな群落となってマット状に地表面を覆っている。この植物は発芽能力のある種子を作るものの、高山でその実生を見ることはほとんどない。

近年、チョウノスケソウ群落の中に他の植物が入り込んでいたり、

【パッチ状】植物の地上部の茎が集合している場所。多年生植物の場合は放射状に広がっていく。

5－4　チョウノスケソウの花弁は８枚あり、太陽の方向に向く性質をもっている

ハイマツの枝が覆うように広がっている状態をよく見かける。この貴重なわい性の低木が、少しずつ減少しているように思えてならない。

３. イワウメ

前岳の風衝地に少しだけある岩塊地には、イワウメが岩に張りつくように生育している。風が非常に強く吹きつける場所である。強風と寒さに最も強い植物の姿はどんなものになるのか。標高 3000m 近い高山帯の岩場に生きる植物の形が、たぶんそれにあたるだろう。イワウメのように高山植物で〝イワ○○〟という名前をもつものは、その生育地が岩場であると思ってよい（写真 5-5）。岩場では根を張りにくいし、たとえ岩の割れ目に根を張ることができても、土壌がごく少ないために水を十分に得られない。強風があたり、乾燥がきつく、とて

図5－1　アラスカと南アルプスのチョウノスケソウの光合成能力の比較

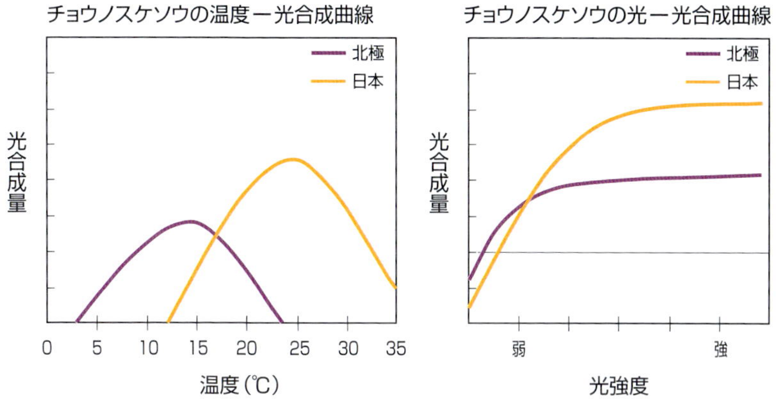

も生活しやすいとは思えないが、そんなところにもイワウメやイワヒゲは生き続ける。

イワウメは、北半球の高緯度地方から、日本列島の高山帯にまで分布する、いわゆる周北極植物のひとつだ。丸くて厚い小さな葉を表面にびっしりとつける〝クッション植物〟である。外見はまるでカメの甲羅のようにがっしりとしていて、どんなに強い風もやり過ごせるように見える。小さな葉が重なるクッションの表面は、さわると硬く、押してもつぶれない。クッションの厚さは約10cmにもなる。

初夏に、ウロコのような葉のすき間から短い花茎を伸ばし、白または淡い黄色の、直径1cmほどの花をつける。花期が長いうえに、花をつける株（クッション）は大量に花を咲かせるので、クッションの表面全体が小さな花でびっしりと埋めつくされることもある。

小さいながらも木本植物なので、短く曲りくねった幹には年輪がある。ところが、あまりにも年輪幅が小さく、樹齢を知ろうとしても、年輪をかぞえるのが難しい。樹の直径が5cmほどだと、樹齢100年近い場合もある。極限環境の中で長寿な木である。

5－5　岩に張り付きクッションのように盛り上がったイワウメ

花茎のごく短い、〝小さな梅の花〟のようなこの花は、岩場の強風にさらされてもわずかにそよぐだけだ。小さいという身体の特徴を十分に生かし、強風の中で生き抜く強靭《きょうじん》な植物である。

4．ウラシマツツジ

10月に悪沢岳から前岳の風衝地を歩くと、岩場のあちこちにあざやかな赤いマット状の塊が見られる。ツツジ科の小低木、ウラシマツツジの紅葉である（写真5-6）。

この植物の葉の裏には、くっきりと網目があって、これが縞状にも見えるため、ウラシマ（裏縞）ツツジと呼ばれるようになったようだ。茎は数cmしか伸びないので、地面にまるで赤い〝もうせん〟を敷きつめたようになる。この〝もうせん〟の大きさは、広いものでは畳半畳

５－６　地衣類群落の中に生育する紅葉したウラシマツツジ

ほどあり、これがいくつか集まると、尾根沿いはまるで赤く塗られたように見える。

この植物の背丈は10㎝たらずにしかならないが、それでもれっきとした落葉樹だ。したがって、夏にさかんに光合成をした葉は、冬を迎える前にいっせいに落葉するはずである。しかし、ウラシマツツジは紅葉したあと、冬になってもなかなか落葉しない。他の植物の葉がまだ緑色のうちに早々と紅葉するが、そのあと、11月後半ごろに落葉するまでの約２カ月間、あきらかに元気に生きている。ふつう葉が赤く変化するときは、葉の内部の緑色の色素（葉緑体）が壊れて、次に赤色の色素であるアントシアンができる。しかし、ウラシマツツジの場合は、アントシアンで葉が真っ赤になっても、光合成を行う色素が内部に一部残っているのである。

この微妙な色素のバランスが、高山の厳しい環境で生き残ってきた理由のひとつと考えられる。実際にこの赤い葉の光合成を測ってみると、驚いたことに紅葉してからも十分に光合成を行っていた。光合成を行うためには、光はもちろんのこと、気温も高いほどよい。秋の高山は急速に冷え込むが、こんな時も赤い葉は緑の葉よりはるかに多く太陽光を吸収して暖まるのだ。

どうやら赤い葉は、寒くなってから太陽の光に暖められ、さらに光合成を行い、直径5㎜ほどの黒い果実の熟成も助けているらしい。この果実は、エサの少なくなった秋に、高山帯の野生動物、特にライチョウの食料として大きな役割を果たしているようだ。

5. チングルマ

高山が秋を迎えるころ、白くかすみがかかったような植物群落に出会うことがある。乾燥した岩場や湿った雪田跡地などに、幅広く分布しているチングルマ（バラ科）の羽毛状の種子の集団である。

夏には白または薄黄色の花を集団で咲かせ、秋には種子に羽毛状の毛をつける。その毛先が風車のような形に伸びて、昔の玩具〝稚《ち》子《ご》車《ぐるま》〟のようになるので、この名がついた（写真5-7）。夏も秋も登山者の目を楽しませてくれる花だ。

南アルプスでは風衝地や稜線付近の少し平坦な場所に生育している。稜線沿いでも、岩やハイマツ群落に囲まれた場所や、雪が遅くまで残る「雪田」では、大きな群落になる。いっせいに花をつけ、種子をつけるので、高山でも注目をあびる植物の一つである。

北海道の山では、同じチングルマでも、点在する岩に這い上がり、すっかり覆いつくしている様子をよく見かける。ここでは岩の上で生きることに利点があるらしい。地面に生育するものと比較すると、岩に這い上がったものは花がたくさん咲き、葉の量も多い。また、種子

5－7　雪が遅くまで残る場所に多く見られるチングルマ

をつける効率も高かった。

岩の上は直射日光があたると暖かく、さらに他の植物との競争も少ない有利な環境だ。また、岩は春にいち早く雪から顔を出すので、雪をかぶる地表面のものより生育期間が長くなる。これも高山では有利な条件である。

チングルマは北海道から中部山岳地域のどこにでも見られる植物だ。雪解けの水を利用できる湿った場所にも、乾燥しがちな岩の上にも生育できる、幅広い適応能力をもっているようだ。

6. オヤマノエンドウ

高山の稜線を歩いていると、道の両脇にあざやかな紫色の小さなマットが点々と続くことがある。オヤマノエンドウの群落だ。オヤマ

5－8　初夏に紫色のひときわ目立つ花をつけるオヤマノエンドウは根粒菌と共生している

ノエンドウは南アルプスではそれほど広く分布していないが、稜線で他の多くの花が咲く時期よりも少し早く咲くため、強く印象に残る(写真5-8)。

高い山では風や気温などの気象条件が厳しいうえ、土壌中の養分もごく少ない。土の中では養分をめぐって植物同士の熾烈な競争が起きる。マメ科の植物は、空気中の窒素をとらえられる根粒菌と共生している。根を見るとあきらかに根粒菌の粒がついている。この植物の周辺の土壌窒素の量を調べると、植物体の近くは濃度が高く、離れるほど低くなっていた。株の周辺で「土壌の富栄養化」がはっきりと見られるのである。

高山でよく見られる、大きなマット状に広がった群落の中には、他の植物が侵入していることがよくある。また、マットの周辺には他の植物が取り囲むように分布している。オヤマノエンドウの株の中や周

【根粒菌】マメ科植物の根に侵入して根粒を作る細菌の一群。植物と共生し、窒素同化作用により空気中の窒素を固定する。

辺も同じだ。侵入した植物は、オヤマノエンドウの根粒菌が貯めこんだ窒素を利用しているようだ。

秋には黒く変色したサヤに大型の種子（マメ）をつけるが、高山植物としては珍しくずいぶん大きなもので、よく発芽する。種子の表面には、小さな穴が開いていることが多い。この種子を食料とする昆虫などが侵入した跡だ。オヤマノエンドウも高山の生きものの重要な食料である。

7. トウヤクリンドウ

高山帯ではリンドウの仲間は数多く、変異にも富んでいる。この仲間には二年生のものと多年生のものがあり、地域により特産種が多い。特に二年生のものは、二年間で花を咲かせて種子を作り、枯死してしまうため、次世代の生き残る場所（セーフ・サイト）が重要だ。種子が散布される場所の条件によっては、種子の生存率が大きく異なる。たまたま、発芽できた場所に適応していくことで、将来変種として生き残るかどうか決まる。うまく新しい環境に生き残ることができれば、そこで「変わり者」として生存していくことになる。高山帯でこの仲間の変種が多いのはこういう理由からだ。

9月の中旬、南アルプスの高山帯はイネ科やカヤツリグサ科の植物が茶色く変わり始める。夏の間咲いていた花は枯れ始め、緑のまばらになった草原にトウヤクリンドウ（写真5-9）の白い花だけが点々と広がっている。風衝地のお花畑は特に個体が多く、秋に登山する人にも花を見る楽しみを与えてくれる。

トウヤクリンドウは春先にいち早く緑の根生葉を地表に展開する。秋までずっと、1つの株に10枚ほどのしっかりした葉を長く保ち続け、花をつけている期間も長い多年生の植物である。一枚の葉の長さは

【根生葉】地中の根から生じているように見えるが地上茎の基部の節についた葉である。ロゼット植物の葉はこの代表的なもの。

5－9　トウヤクリンドウの根生葉は雪解けと同時に成長する。夏から秋まで長期間花をつける

10㎝以上にもなり、肉厚で長期間旺盛に光合成を行っているように見える。これほど長く葉を保ち、十分に光合成を行えば、その体の中には何か貯えがあるはずだ。次年度のための貯えの他に、「当薬」の名前が示すように、薬として有効な物質を体の中に合成しているようだ。昔からその根は健胃剤として薬草の働きがあると言われている。

しかし、高山で長い期間維持される強力な葉と花を見ると、風衝地に生き抜くための葉や貯蔵物を持つことの他に、さらに何か特殊な能力と体内組織の機能を持っているのではないかと想像される。

8.コバノコゴメグサ

前岳の風衝地には、風衝地に出現するとされる植物のほとんどが顔をそろえている。風衝地植物を観察するには絶好の場所だ。しかしこ

５－１０　高山帯に生育する唯一の一年生草本植物である
コバノコゴメグサ

こには、風衝地の植物ではない特異な小さな植物も生育している。小さくてもしっかり存在感のあるコバノコゴメグサだ（写真5-10）。草丈は4～5cm、花の大きさは1cmにも満たない。小型ではあるが、白地に黄色の斑紋がある花弁で、わい性低木の下でもしっかりとその存在を主張している。

この植物は高山に分布するものとしてはきわめて稀な、一年生の植物だ。高山ではほとんどの植物が多年生であるため、この植物の存在は以前から注目されていた。

高山の環境では、植物が活発に生育できる期間がきわめて短い。そのような環境下で、一年生の植物は初夏に発芽し、夏の間に葉を展開、花を咲かせ、9月の初めには種子を実らせる。それに対し、多年生の植物は地中に養分の貯蔵場所である「根茎」や「鱗茎」を持っている。条件の悪い年には花を咲かせなかったり、種子を作らず、貯蔵物質を使いながら次の年以降まで待つこともできる。しかし、コバノコゴメ

【根茎】地下にある一見して根のように見える茎のすべて。地下茎のうち球茎、塊茎、鱗茎などの特殊茎以外のもの。

【鱗茎】地下茎の中軸に肉質の鱗片葉が多数密生し、球形を呈するもの。鱗茎の主体は茎ではなく葉である。

5－11　様々な多年生草本植物が群生する「荒川のお花畑」

グサは一年生であるため、短い夏の期間に完全な種子を作り上げないと、翌年に子孫を残すことができない。毎年ぎりぎりの状態で生きることをくり返す、驚異的な小さな植物である。

9. 荒川のお花畑

（1）植物群落

前岳（3068m）の南面で、山頂から標高にして約200m下には、多様性の高い多年生植物群落が分布している（写真5-11）。これは古くから「荒川のお花畑」として知られているものだ。標高約2850m～2950mで前岳山頂から南東面のカールを横切り、西に下るとこの群落が現れる。あまり例のないことだが、このお花畑の真ん中を横切るように登山道が作られている。植物の観察をしたい登山者にとっては好都合ではある。このあたりには同じような斜面がいくつかあるが、これほどみごとな群落は他にないだろう。花が咲く頃、斜面上方には雪渓や雪田の雪は残っていない。どうして毎年大群落を作ることができるのかまことに不思議だ。

群落の大きさは東西に約100m、標高の低い位置から高い方向に向かう面では、幅が約300mある。標高差は約50m。東西の両側にはハイマツ群落が存在し、それらに囲まれた地形で、冬には大量の積雪がある雪渓跡地である。この多年生植物群落（荒川のお花畑）は大別して３タイプの群落から成り立っている。

お花畑の多くの部分を占めている植物はキンポウゲ科のハクサンイチゲとシナノキンバイである。斜面の中心部には、ところどころ植物の種類の多い群落が発達している。このような群落は階層構造がはっきりしていて、背の高い群落の下部の草本層では多様性が高い。ここでは草本層にミヤマキンバイ、タカネスイバ、イワベンケイが見られ、さらにこれより低い場所にコイワカガミ、ハクサンフウロ、ラン科のハクサンチドリなどが生育していた。

斜面の地表面の構造は平坦ではなく、ゆるやかに盛り上がった部分が上下に長く続く、線状の地形だ。この盛り上がった所（凸地）は上部からの土石の移動があり、植物の定着が比較的新しいことを意味している。このような地形は小規模な土石流とみられ、古くからのお花畑も、全体としては長期間安定しているものではないことがわかる。

上下に帯状となっている凸地は、高山低茎群落が発達し、ごく下層の地表面付近にはコメススキやコイワカガミが目立つ。この低い層でも多様性が高く、草丈の低いタテヤマキンバイ、キバナノコマノツメ、チシマギキョウ、コバノコゴメグサが混在している。岩や礫があきら

【階層構造】植物群落において同じ土壌に生育していながら、背丈の違いによって上層を占める植物と下層を占める植物とが明確に分かれて存在している様子。

かにむき出しの面ではチシマギキョウ、イワベンケイが見られた。

凸地でも、安定してから長時間が経ったと思われるところにはアオノツガザクラ、ミヤマホツツジなど、わい性低木が生育していた。また、礫移動によって盛り上がった部分とその側面にできる凹地は水の条件が良いので、特に安定した地点には、クロユリの群落が見られた。高山植物の名前をおぼえるのには最適の場所だろう。

（2）クロユリ

高山植物群落の中に、ときどき黒っぽい花をつけた一群が現れる。登山者に人気のあるクロユリだ。荒川のお花畑や中岳の線状凹地では登山道のすぐ近くに群落を作っている（写真 5-12）。花弁は黒というより赤味のあるこげ茶色で、黄色い雄しべが中心部から浮き上がって見える（写真 5-13）。花は２種類あり、一つは雄しべだけをもつもの、もうひとつは雄しべと雌しべの両方をもつものだ。

花の咲いている個体の周辺には、葉が一枚だけの小さな個体がたくさん広がっている。数年後には成長し、何枚か葉をつけて花を咲かせる集団だ。この子だくさんの状態は、地下の鱗茎によってささえられている。鱗茎には小さな球が塊まってくっついており、この小球が少しずつばらけて、それが発芽して小さな個体をたくさん作る。

クロユリの花には独特のにおいがある。このにおいが、ある種類のハエを呼び寄せ、そのハエが黄色い花粉を背中にくっつけて、他の花へと運び、受粉に貢献している。ただし、ハエの苦労にもかかわらず、種子で増えることはごく稀だ。ほとんどが地下の鱗茎の分裂で子孫を増やしている。また、直射光が直接あたるところより、他の植物によって光のあたりかたが少しだけ弱まり、水の条件も良い場所でよく成長するようである。

南アルプスでは前岳の南面に成立している荒川のお花畑の登山道の

5－12　お花畑のうち水の条件の良いところに見られるクロユリの群落

5－13　クロユリの花には両性花と単性花がある

近くでよく見られる。ここは比較的水の条件が良いところだ。最近、登山道が少しずつ広がっているためか、山の上方からの水の移動経路が変化し、群落の成長が低下しているように思える。お花畑の水の条件を知る上ではよい指標植物といえる。

（3）水とお花畑

雪渓跡地の植物群落は雪解けの水を利用することで成立している。しかし、雪解けと梅雨が終わる7月～8月の盛夏時に、十分な水が供給されているとは考えにくい。お花畑の斜面のどこかから水が供給されているはずだ。ひとつの仮説として、荒川のお花畑が一時的に雨を貯めて水の保存を行い、その水を徐々に放出していることが考えられる。この斜面の土壌断面を調べると、密度の高い群落が発達している場所には、枯れた植物からできた分厚い腐植層があった。

斜面の広い部分を占める凹地は、この腐植層と、腐植が分解してできる土壌の発達によって、長期間水を保持できる貯水池のようなものと思われる。

群落が水を得ているほかの理由としては、前岳が砂岩、泥岩から成り、お花畑の上部の岩石に多くの亀裂がある点があげられる。これらの亀裂に水を蓄えている可能性は十分にある。群落の上限から山頂にかけて、大型の岩石が露出している面があり、ここに亀裂の入った岩石が広く散在している（写真 5-14）。このことから、この多様性の高い荒川のお花畑は、雪解け水と岩石による貯水、さらに厚い腐植層による水の保持によって、安定した水供給が保障されると推測できる。これらの恵まれた水条件により群落が成り立つものと思われる。

（4）登山道と植物群落

群落内を東西に横切る登山道は、この荒川のお花畑の群落に大きな影響を与えている。登山道にはなだらかな傾斜があり、等高線に沿う

【指標植物】環境のある要因またはそれらの複合された条件を示すのに役立つ植物種。植物は固着性生活を営み移動しないため、動物より環境の指標となりやすい。

５－１４　秋の「荒川のお花畑」。上方にある亀裂の入った岩石は水を蓄えている可能性が考えられる

ようにつけられている（写真 5-15）。人が群落内に侵入したり、登山道からはずれて歩けば、踏みつけなどによって直接植物にダメージを与える。また、ここでは多くの登山者によって踏みつけられた道そのものが、あきらかに斜面の上から下への水の移動を妨げていることが予想される。

広大な草本群落が成立し、維持されるには多量の水が必要だ。特にここでは、群落の上限から山頂にかけての水を含んだ岩石群が、水の供給に大きな役割を果たしている可能性が高い。上部の大きな岩石には、ほとんどのものに無数のひび割れが入っている。ここに雨水がしみ込み、その後少しずつ水分を放出すると考えられる。斜面上部の岩石の性質が、豊かなお花畑を作っているのだ。そのため、登山道が上方からの水の移動を妨げるような場合には、この群落が将来も安定して維持されるのはむずかしくなる。この多様性に富んだ荒川のお花畑

5－15　「荒川のお花畑」を東西に横切るなだらかな登山道。年々幅広くなっている

を保護するためには、この群落を迂回する登山道、または木道を設置する必要があるだろう。

第６章　日本のアラスカ―大聖寺平―

１．雄大な周氷河平滑斜面

荒川のお花畑から大聖寺平にかけて、ガレ場の高山荒原群落と高山高茎群落が、入れかわり現れる。登山道はいくつかの小さな沢を横切っているが、この付近は水量の多いところである。各沢の岩壁には岩壁植物が生育している。よく観察できるのはイワベンケイである。この登山道で標高の最も低い場所にある荒川小屋付近は、亜高山帯の植生で、わい性のダケカンバの群落が多いところだ。この付近は小さな谷川の水場や岩壁地からの浸出水地が多く、木本、草本ともに植物の種類の多いところである。谷川沿いには亜高山帯の高茎草本群落が発達し、草丈1mを超えるセリ科やキンポウゲ科の植物群落が見られる。

（1）イワベンケイ

高山では岩壁に花を咲かせている植物をよく見かける。それらは、土がほとんどない岩の割れ目や窪みに食い込むように根茎をおろし、生活している。イワベンケイもその仲間だ。しかしこの植物は岩場ば

6－1　肉厚な葉と茎をもつイワベンケイ。主に岩場に生育する

かりでなく、草原や裸地にも分布している。イワベンケイは、氷期に北極域の寒冷地から分布を広げてきた周北極要素の植物の仲間である。日本列島では北海道から中部の高山まで広く分布している。北半球では北アメリカ東部、ヨーロッパアルプスなどで広く見ることができる。

高山の岩場や岩壁で見るイワベンケイ（写真6-1）は黄色の花を花茎先端につけ、よく目立つ。この黄色はほとんどが雄花だ。高山帯では珍しく雌雄異株であるが、雌株は初期には緑色なのでほとんど目立たない。

イワベンケイはひとたび根を張ると強力な力を発揮する。根元を見ると、密生した葉の下にがっしりとした黒い〝にぎりこぶし〟のような根茎が土の中から顔を出している。大型の個体になるとこの根茎からたくさんの花茎を放射状に出す。秋には紅葉して、単調な岩場の風景の中でアクセントとなっている。

【雌雄異株】単性花をつける種子植物のうち、雌花と雄花を別々の個体に生じる場合。すなわち、一個体の中でつける花がすべて同じ性をもつ株をいう。

砂礫が移動しやすい斜面では、生育しているイワベンケイの個体の周辺に他の植物が寄りそって集団を作っていることが多い。イワベンケイが移動する礫を止めて、安定した住み良い環境を作っているからだ。岩場でも砂礫地でも、地表面にどんと構えた根茎は見るからに安定感がある。小さいながら「ベンケイ」と命名された理由がよくわかる。

葉には多肉植物の特徴でもある、水のたくわえがある。水分や温度条件の悪い岩場や斜面の裸地で生き抜く能力が非常に高く、極限環境の中で頑強な頼もしい植物である。

（2）ダケカンバ

ダケカンバは、亜高山帯から高山帯にかけて必ず現れる落葉広葉樹である。亜高山帯の針葉樹と混生して分布し、なかには巨木になるものもある。条件が良いと樹高 25m、ヒトの胸の高さくらいの位置の直径が 1m 以上、樹齢 200 年以上にもなる。森林限界付近の標高ではわい性低木化して地表面を這うような形になっているが、樹齢はやはり 200 年ほどだ。

日本列島には広く分布していて、中部山岳地域では亜高山帯・高山帯、北海道では山地帯にも見られる。台風などによる森林の破壊、土砂崩れや雪崩の跡地に木本植物としてはいち早く出現する。森林限界の最前列や雪崩のあった跡地またはその側面に純林を作り、幅の狭いダケカンバ帯となっているところが多い。高山・亜高山帯上部の残雪地域や吹きだまりによる雪圧の高い場所にも育つ（写真 6 2）、積雪との関係が強い樹木である。

ダケカンバは南アルプスのカール地形の中では、カールの一番下部にできるターミナルモレーンの下方に群落を作っている。北アルプスの涸沢《からさわ》、中央アルプスの千畳敷カールではわい性のダケカンバ林が有

【多肉植物】葉や茎が肥厚した形態を持ち、その組織の一部または全植物体に多量の水を持つ植物の総称。

【山地帯】亜高山帯の下に位置する標高帯。ブナ、ミズナラなどの優占する落葉広葉樹林によって代表される。本州中部では標高 800m ～ 1700m、北海道では 0m ～ 600m。

6－2　前岳南側の稜線下方斜面。雪が溜まる場所にダケカンバ林は成立する

名で、秋にはナナカマドとともに紅葉・黄葉化し、山岳地域の色あざやかな美しい風景を作り出している。

（3）雪とダケカンバ

高山・亜高山帯で雪崩が起きた場合、その跡地の両側にはダケカンバ、ミヤマハンノキ、ミヤマヤナギの群落ができる。ひんぱんに雪崩が起こる場所では、わい性化したダケカンバが純群落を作っている。雪崩の通り道と思われるダケカンバ林では、主幹が根元から大きく曲がった個体が目立つ。ダケカンバは幹や枝が強靭であるので枝は雪をやり過ごし、さらに枝や幹が埋まった場合でも折れずに、雪の重さに耐える。雪がとければ、また元どおり上に跳ね上がってくる。

長期間雪が残る残雪地では雪の圧力が大きいため、森林は成立しにくい。しかし、そのようなところでもダケカンバ林は成立し、大径木の林になる（写真6-3)。このような場所では、落葉期の季節に、斜面の下方に向かって幹をくねらせた樹形が独特な景観をつくりだす。

南アルプス、北アルプス、八ヶ岳の高山帯では偏西風の影響を受けるので、尾根の東側に残雪が多い。東側の斜面が極端に急峻でない場所では、帯状のダケカンバ群落が成立する。南アルプス中央部の雪投沢は、深い残雪と樹齢のそろった大径木のダケカンバ林が見られることでよく知られている（写真6-4)。この斜面は広くなだらかで、稜線からの偏西風によって大量に雪がたまるところである。また、南アルプス南部ではセンジヶ原からイザルガ岳までの間に分布するダケカンバの老齢樹林も有名だ。ダケカンバは落葉樹であるため、初夏のまだ葉が大きく展開しない時期は、林床に十分に直射光があたる。そのため、林床には雪解け水と十分な太陽光のおかげで亜高山帯高茎草本群落ができる。千枚小屋周辺のお花畑もこの例のひとつだ。高山・亜高山帯で積雪と深い関係をもち、亜高山帯のお花畑を成立させる木本群落である。

（4）大聖寺平

荒川小屋から南側に開けた大聖寺平までの登山道には、何スジかの雪崩跡地や土石の流出跡地がある（写真6-5)。ここには高山荒原が発達し、ガンコウラン・コケモモ・キバナシャクナゲなどわい性低木群落がパッチ状に分布している。何度かの土石の流出の跡が残っていて、最近の流出部分と、過去の流出跡地に成立した群落とが比較できる。植物群落の遷移の過程を見るにも適しているだろう。ここからは大聖寺平の東面全体が見わたせるが、ここには広大な周氷河平滑斜面が広がっている。この広大で平らな面は、かつて氷河が存在した時代に、

【偏西風】中緯度に発生する西から東に向かって吹く帯状流。日本列島の中部山岳地域では冬期はこの影響を大きく受ける。

【林床】森林の下の土壌または植生。森林の上部を構成する樹冠の影響を光の条件の面で大きく受ける。

6－3　積雪により幹が曲がったダケカンバ。イザルガ岳のダケカンバ群落

6－4　雪投沢のダケカンバ林。近年、林床はマルバダケブキの群落となった

氷河の移動によって影響を受けたものとされている。景観としては、

6－5　荒川小屋から大聖寺平までの登山道で見られる雪崩跡地や土石の流出跡地

北米のアラスカで見られる氷河地形に似ている。

大聖寺平の特色は平坦な斜面が広いことだが、一見平らに見えるところにも、周氷河地形がいくつも存在している。東面中央部の谷地形が始まる両面には、規模の大きなソリフラクションローブが発達している。ここは凍結融解によって、土壌の表面が舌状になり下へと移動しているところだ。現在では、その移動はわずかなようだ。「舌」の先端は1～2mの落差があり、遠方からもはっきりと見ることができる。

中央部の幅広いコルには、何段かの階状土が連続していて、ここを登山道が縦に通っている。この階段状の構造は10段ほど続き、大聖寺平の植被階状土といわれている。

【コル】山の尾根でくぼんだ所。馬の背中のような形で、山の鞍部とも言う。

6－6　北アルプス朝日岳で見られる植被階状土。丸いテーブル状になっている

2. 階状土と植生

(1) 階状土とはどんなものか

大聖寺平では、北側の周氷河平滑斜面のトラバース道から幅広いコルに出ると、階段状の地形があちこちに現れる。「階段」の前の面には植物が張りついているが、上面は砂礫が露出している。階段の足を乗せる面は裸の砂礫面になっていて、垂直面には植生が存在するので、これを植被階状土とよんでいる。この植被階状土は日本列島の高山ではよく見られるもので、北アルプスの白馬岳や朝日岳では典型的なものが現在も形成中である（写真6-6）。標高の低い山では、長野県の霧ヶ峰に古い階状土の跡が残っている。

6－7　大聖寺平北東向き斜面の植被階状土

（2）植被階状土の形成過程

ここでは階状土の形成の過程を説明しよう。赤石岳北側の大聖寺平や、悪沢岳の東側に位置する丸山には強風砂礫地がある。ここには周氷河平滑斜面上に、はっきりした構造土が形成されている。大聖寺平は、現在は活動の大変ゆるやかな化石型周氷河平滑斜面だが、2～5万年前の最終氷期には、強力な周氷河作用が働いていたようだ。

大聖寺平北東向き斜面には、10段の典型的な植被階状土がある（写真6-7）。このあたりを調べて、ここに分布する植被階状土が作られた原因はまだよくわかっていないが、その過程を推測すると、次のようになる（図6-1）。

1）大聖寺平北東向き斜面では、晩氷期に大規模なソリフラクショ

【周氷河作用】土壌・岩石・水の凍結・融解の繰り返しによって生じる作用。地表面が積雪によって覆われないような地域でよく見られ、その作用により構造土が形成される。

図6－1　大聖寺平北東向き斜面の植被階状土が作られた過程
（小山ほか 2007、一部改変）

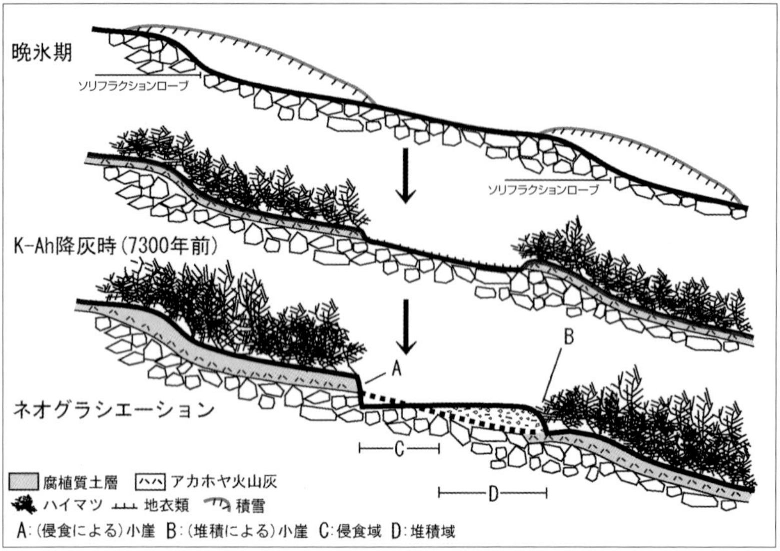

ンローブが形成された。ソリフラクションローブは周りより盛り上がっているため、風のあたる反対側に雪がたまりやすく、冬期に雪がはりつく部分（積雪部）が形成された。

2）後氷期のはじめには、気候が暖かくなり、植物群が標高の低いところから徐々に上って来た。その時代に積雪部にハイマツが入り込み、積雪部に沿ってハイマツ群落が帯状に形成された。このハイマツ群落が植被階状土の前面（垂直面）を形作った。

3）約7300年前に噴火活動により火山灰が降った頃、ハイマツ群落内に土壌が形成され始めた。以後、ハイマツ群落に覆われた部分は安定している。ハイマツ群落にはさまれた間の部分は、裸地に近い状態となった。

4）ネオグラシエーション（6000年前）になると、ハイマツ群落の

【後氷期】1万3千年ほど前から気温が急速に上昇し、氷河が急速に融け始めた。これを晩氷期というが、晩氷期から現在までを示す。1万年前～現在までの期間で、完新世と同義に用いる。

間にはさまれた部分が強風砂礫地となり、全体が舌状に下方へ移動（ソリフラクション）するようになった。同時に礫の移動が始まり、斜面の上方では侵食による小崖ができた。斜面の下方では、ハイマツ群落によって移動を制限された砂礫で小崖が形成された。その結果、階状土の原形ができた。

5）その後、階状土前面に植物が入り込むと同時に、強い冬季の卓越風に侵食されて、上面と前面の境界部や、ハイマツ群落のふちに風食（風による侵食作用）ノッチが形成された。

この過程は長い長い時間をかけて進行し、現在のような地形になった。しかし、現在のところ階状土ができる原因と過程は十分に説明できない状況と思われる。現地で階状土を見ると、太古の風景の大きな移り変わりが想像できるかもしれない。

3．どこにでもある条線土—ダマシ平—

（1）ダマシ平の条線土

大聖寺平から小赤石岳へ登る途中、西側に小学校のグラウンドほどの平らな地形がある。「ダマシ平」と呼ばれるここは、人の侵入がほとんどないので、地表面の構造土が見やすいところだ（写真6-8）。東側方向にわずかに斜面になっていて、いたるところに石を並べた図形のようなものが見られる。これは、岩石が凍結破砕作用によって砕けて小石が生産されてできたものだ。生産された小石は土壌の凍結融解作用によって、長い時間をかけ斜面をゆっくり移動し、自然にいろいろな図形を作るのである。ダマシ平で多く見られるのは、細かい石と粗い石が交互に配列された条線土だ。条線土は縞状土ともいい、微細な粒子と小石が、数cmから10cmほどの幅で斜面下方に向かってきれいに並ぶ。まるで巨大熊手で地面をひっかいたようだ。例として北極

【卓越風】ある期間に特定の方向から卓越して吹く風。地球規模の大規模なものでは偏西風や貿易風。地形の影響を受けて吹く局地的なものでは山風・谷風・海陸風などがある。

6－8　ダマシ平で見られる地表面の縞模様の条線土

6－9　北極域で見られる条線土は日本のもと比べると規模が大きい

域の条線土を示す（写真6-9）。

南アルプスでは、ほかに鳳凰三山の北部にも典型的なものがある。

【ノッチ（波食窪）】波や風の侵食作用や海水の溶食作用によって、切り込まれた微地形。

鳳凰三山の稜線付近は、花崗岩が風化した白砂の砂礫地だ。ここの条線土は1950年代に発見され、その後1964年まで条線土の調査が行われた。このときの研究では、この条線土が凍結融解によって少しずつ動いて形を整えていくことがわかった。ダマシ平の「図形」もやはり凍結融解によってできたものだ。今もまだ毎年少しずつ動いていて、固定したものではない。

ダマシ平には過去にテントを張ったらしい形跡があり、人の出入りがこの構造土の一部を壊してしまったようだ。将来的にはここは人の出入りを禁止し、地表面が動き続けている構造土を、実際に見て学べる地となることが望まれる。

条線土は構造土の例として、最も身近なものだ。八ヶ岳の根石岳の南側斜面、白馬岳から朝日岳までのなだらかな稜線に多く見ることができる。氷期の名残がほとんどなくなってしまった日本の高山で、これらの構造土の存在はたいへん貴重なものである。

（2）多角形土と高山植物

大聖寺平の西斜面や〝ダマシ平〟では、ところどころに多角形の形に石が並んでいるところがある。五角形や六角形の一部が崩れたかのような形に石が並んでいるのである。これらは多角形土（ポリゴン）と呼ばれ、これもやはり地表面の凍結と融解によってできる。ポリゴンには完全な六角形の形になるものもあるが、その例をいくつかあげよう。

北海道の大雪山のトムラウシ地域には、正六角形のものが見られる。また北極域では、現在氷河が存在している周辺に、正六角形の大型のポリゴンがいたるところに分布している。写真6-10のようなポリゴンは直径1m以上あり、周辺はスイカやメロンほどの大型の礫に囲まれていて、中心の土が盛り上がっている。中心部は毎年、凍結と融解

６－１０　北極域スバールバル諸島ニーオルスン西部に見られる多角形土

図６－２　スバールバル諸島の多角形土の模式。中央部には植物の遷移段階が見られる

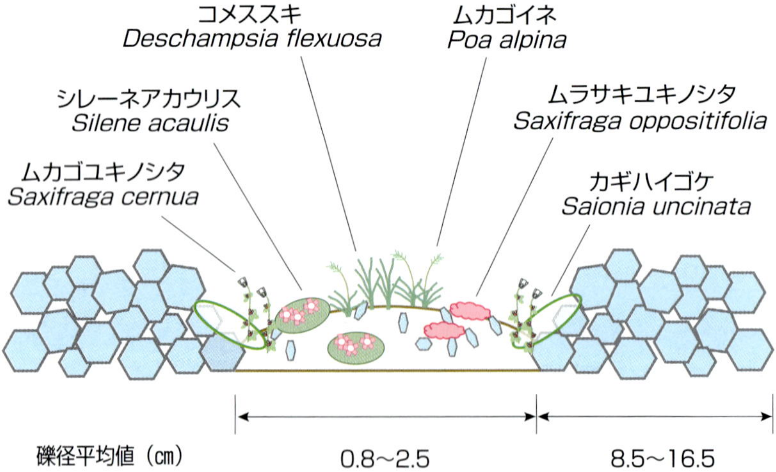

をくり返し、そのため小さな礫は外側へ、外側へと移動する。動きの激しい中心部には植物群落の遷移の初期に現れる植物が生育し、安定的な周辺部には遷移の後期に現れる植物が生育している。図6-2は北極域スバールバル諸島で観察されたものを模式化したものである。中心部にはコメススキやムカゴイネが生育し、ふちの安定したところにはムラサキユキノシタやムカゴユキノシタが見られる。写真6-10の大型の六角形はスバールバル諸島ニーオルスンの西部で見られたものだ。日本列島では南アルプス南部で、氷期の頃には大型のポリゴンができ上がっていた。あとで述べる「茶臼のお花畑」の化石構造土がこれにあたる。

　この化石構造土は現在では多くの部分が他所から流れて来た礫や草本植物により覆われてしまっている。そのため当時の構造を再現するのはなかなか難しい。

第７章　赤石岳

１. 大型カール

南アルプス南部の主峰、赤石岳は標高3120mの堂々たる山だ。赤石岳の東面、赤石沢と北沢の源頭部には、赤石岳東カールと小赤石カールがある。カール地形をしっかり保っている例としては、荒川三山のカールに続くもので、日本列島でのカール地形のほぼ南限にあたる（写真7-1)。東カールはかなり大型で、カール底が広く、標高2900mである。大型の巨礫でできているので、底の部分には雪解けの時にも水がたまらない。したがって、植生はほとんど見られず、積もった雪が解けると岩石だけになってしまう。カール地形にはその末端に必ずターミナルモレーンと呼ばれる丘のようになったモレーンが作られる。氷期が終わり、気温が高くなる間氷期に入ると、カール地形は少しずつその形が崩れてくる。堤防のような役割をしていたターミナルモレーンが崩れると、カール地形は急にその形を保つことができなくなる。やがて形のはっきりしないモレーンの痕跡だけが残ることになる。

【源頭部】沢の源流となる山の最上部の面。
【間氷期】二つの氷期の間にあって、寒冷な氷期に対して温暖だった時期。

7－1　赤石岳東カールではカール底に巨大な礫が堆積している

赤石岳の東面にはその痕跡がいくつか残っている。赤石岳の2つのカールの下流には3組のモレーンが、小赤石カールの下流には4組のモレーンが残っていて、現在でもその存在をはっきり見ることができる。さらにその下流の標高2400m付近にもモレーンが見られる。かつて氷期の頃にいくつもの氷河がここに発達し、時間をかけて変化していったものと想像される。

大型の赤石岳東カールには、カール底群落は見られないが、上部にはカール壁・崖錐・沖積錐が残っていて、ここには高山荒原群落、高山低茎群落、高山高茎群落が見られる。カール内は、礫の移動量による植物群落の違いがはっきりしていて、植物群落と土壌の安定度の関係を知るには好都合な地形である（写真7-2）。

7－2　植物群落と土壌の安定度の関係を知るのに好適な赤石岳東カールの内側斜面

小赤石岳と赤石岳の鞍部から赤石小屋を経て椹島へ向かう登山道には多くの植物群落が見られる。鞍部から左右に2つのカールを見ることができ、道は小赤石カール内に入る。ここからはカール内の植物、モレーン上の植物が観察できる。少し標高が下がるとラクダの背と呼ばれる尾根を通り富士見平に出る。この平坦地はハイマツに覆われていて、ここからはダケカンバと亜高山帯針葉樹林が続く。

2．ゴーロ帯

（1）赤石岳山頂

赤石岳山頂はとがったピークではなく、小さな凹地がいくつも集

7－3　赤石岳山頂の線状凹地。手前に大きな凹地があり、植物はほとんど生育していない

7－4　赤石岳山頂に多数分布する小さな線状凹地

まった地形だ（写真 7-3、7-4）。山頂から南へ登山道が作られていて、この先は急斜面を降りてゴーロ帯へと続く。山頂付近は広く、凹地が

いくつも続いているのに、植物群落はほとんど見られず荒涼としている。なぜ山頂付近には広く植物群落が成立しないのだろうか。その理由は礫の組成によるものと思われる。山頂付近には大小の起伏がたくさんあるが、この起伏を作っている礫は粗く、マトリックスと呼ばれる礫の空間を埋める小礫や微小の礫は極端に少ない。そのため水は保たれることなく通過してしまい、植物が群落として成立しにくいのではないかと思われる。山頂周辺全体がこのような傾向にあり、特に南側の面ではこれが極端だ。山頂から南へ向かって下ると、赤石岳のゴーロ帯に出る。ゴーロ帯とは、巨礫の組み合わせからなる広くて急な斜面で、ほとんど植物が生育できないところだ。赤石岳山頂の周辺は、このような大きな岩が集合した場所がある一方で、小さな石が集合した小規模な岩場もたくさんある。ここを構成している岩石は少しずつ動いているので、植物が集団で生育し発展することはほとんどない。

（2）ゴーロ帯と植物

日本列島では高山帯を歩いていると、突然巨大な岩石ばかりの斜面に出合うことがある。景色が一変し、荒涼とした無機的な景観が現れるのだ。岩石が積み重なった斜面は、斜度が30℃前後と急傾斜で、ここには植物を見ることがほとんどない。このような岩の斜面はゴーロ帯と呼ばれている。北アルプスの野口五郎岳や黒部五郎岳の斜面は、このゴーロの名前から来ているようだ。このゴーロにあたる言葉は、地形学では岩塊斜面といわれている。南アルプスでは似たような斜面が、鳳凰三山の白鳳峠や甲斐駒ヶ岳の仙水峠にも見られる。

岩塊斜面を構成している岩は、氷河時代に巨大な岩が凍結破砕作用を受け、生産されたものと考えられている。現在でもこのような斜面は凍結、地震、大型台風などの作用で、少しずつ変動しているようだ。

７－５　赤石岳北面のゴーロ帯は巨大な礫が堆積し少しずつ移動している地帯である。そのうち安定している場所には植物が見られる

このような不安定な条件下では、岩石の表面に付着している地衣類以外の植物が定着して生き続けることはきわめて難しい。しかし岩塊地を詳しく調べてみると、意外にも植物が定着している小規模な場所がみつかる。

赤石岳のゴーロ帯（写真7-5、7-6）ではところどころに緑色の「島」がある。この緑を作っているのはハイマツとダケカンバで、この２種類は、岩の重なった間に生育できる優れた適応能力をもっている（写真7-7）。緑のスポットは、周りを大岩に囲まれ、中心部に中礫、小礫、微細砂礫が集まった、いわば「岩塊地セーフ・サイト」である。このサイトの植物は、根を岩石の表面やすき間に張りめぐらせ、４～5m もの長さになる。少しでも水分を保持している微細な砂礫やわずかな

7－6　正面の赤石岳からゴーロ帯を東西に下る登山道は百間平へ続く

土壌のある場所へ根を伸ばすためだ。このセーフ・サイトの凹地の周辺には、わずかだが草本植物も見られる。ミヤマダイコンソウとイワツメクサである。

（3）ミヤマダイコンソウ

岩場や断崖では、あざやかな黄色の花を咲かせるミヤマダイコンソウが、まわりに植物が少ないこともあってひときわ目立つ（写真7-8）。岩場や岩壁に根を張るバラ科の植物だが、ダイコンの根のようなしっかりした根があるので、この名がついたようだ。雪が少なく強風のあたるゴーロ帯の岩場でも、ミヤマダイコンソウは春先の雪解け直後に太い根を岩の割れ目に深く侵入させていて、その姿はじつにたくましい。ミヤマダイコンソウが生育している場所をよく観察すると、夏の花ざかりの頃、まったく花が咲いていない個体があちこちにある。その一方で、春に早く雪から出た個体ほど花を多く咲かせ、種子繁殖を

7－7　巨大な岩のすき間に生育できるハイマツとダケカンバ

7－8　岩のすき間から葉を広げて生育しているミヤマダイコンソウ

している。早くから活動を始める個体は、遅く活動を始めるものより根の中の貯蔵物質がはるかに多く、成長のためのエネルギーを貯めこんでいるのだ。深い雪の下から夏になってようやく出てくる個体は、地表面に葉を広げるのがやっとで、ほとんど花をつけられない。

ミヤマダイコンソウは他の植物が入り込めない岩場を生活の場として、その強靱な根を、少しでも栄養や水のたまる場所へと伸ばすことで生きている。また、雪の多い場所で雪解けが遅いために生育期が短い場合には、花を咲かせることもしない。無理なことはしないというわけだ。極限環境に対する順応性の高い植物である。

（4）イワツメクサ

ゴーロ帯では巨礫、大岩ばかりが目立つが、比較的小型の石が積み重なるように並んでいる岩場もある。そんな中に緑色の塊となってポツンと分布している植物がある。細く、やわらかな葉と茎をもつイワツメクサ（ナデシコ科）だ（写真7-9）。

ゴーロ帯は岩の積み重なった状態になっているが、その中でも小型の岩はかなり移動するようだ。また岩ばかりで、雨水を一時的に保水してくれるところもない。こんな環境では、ふつう高山植物は根を張ることができない。しかし、イワツメクサの細くて柔らかい体は、石の間をうまくすり抜け、根や茎を伸長させる能力をもっている。シュート（新芽をつけた茎）は、小礫や腐植がほんのわずか存在する場所で水分を得て発芽し、成長を開始する。上部の石のすき間を上下左右に這い上がり、陽のあたる場所に向かって伸びていくのである。

岩のすき間に落ちた種子も、岩が重なり合った暗い所でもよく発芽し、この「芽」とシュートが明るい空間を求めて伸長していく。ようやく地上に出たシュートは、岩に張りつくように緑の葉を展開させ、白いくっきりとした星形の花を夏のはじめに咲かせる（写真7-10）。

大聖寺平から小赤石岳に登る途中には、この植物の大小さまざまな

7－9　植生の乏しい岩稜や岩壁に群落を作るイワツメクサ

7－10　イワツメクサの白い星形の花。岩のすき間から葉を伸長させ、花をつける

パッチが見られる。直径30㎝ほどの岩が重なった斜面であるが、こ

のようなところに大きなパッチが点々と広がっている。最大のパッチは直径50㎝ほどにもなる。白い花が一斉に咲いた時は、味気ない岩場がみごとな景観に変わる。

　しっかりと岩に張りついて身を守り、岩のすき間をうまく利用し、岩とともに生きている植物である。

第８章　茶臼のお花畑

１. 赤石岳から百間平、聖岳へ

（１）百間平

赤石岳から南方向には聖岳、上河内岳、茶臼岳、光岳が連なる。ゴーロ帯から南方向の真下に、野球場ほどの平坦地が見える（写真 8-1）。これが百間平である。赤石岳の周辺には、大聖寺平、ダマシ平、富士見平、百間平などいくつもの平坦地がある。このように、標高 2500m あたりに平地が集まっている地形が赤石岳の特徴だ。これらの「平」は氷期に形成されたようだが、まだ詳しいことはわかっていない。百間平は、標高の高いところにある広い平坦地で、日本の中部山岳地域の中でもその広さは珍しい。この平の地表面の大半はハイマツで覆われているが、ところどころに裸地が存在する。この裸地に、わずかではあるが高山植物が生育している。

地表面にはかなり深い凹地がモザイク状にあって、ここに雪ダマリができる。凸地にはハイマツが分布し、凹地の中には雪田群落が成立する（写真 8-2）。冬期に雪をかぶることで風にあたらず、寒さからも守られるハイマツは、その年の積雪量によって枯死するかしないかが

8－1　赤石岳南部の百間平。広い平地にはハイマツ群落が成立している

決まる。雪が少ない年には、冬に雪に覆われなかった部分が、寒さと強風のため枯死してしまう。20年ほど前に、百間平で赤茶色に枯死したハイマツが大量に出現したことがある。このように日本列島に分布するハイマツは積雪量と密接な関係をもっているのである。

（2）聖平と上河内岳

百間平から聖岳へは、いくつかのピークを越えなければならない。まず、百間平の平坦部分から急斜面を下ると亜高山帯に入る。ここには百間洞の小屋がある。小屋の周辺は水の条件が良いので、亜高山帯の高茎草本群落が川沿いとダケカンバ林のふちに成立している。ここから登り返して、大沢岳に登る。この山の山頂の植生はハイマツと高

8－2　百間平の凹地の周辺はハイマツ群落が、内部には草本植物群落と地衣・コケ群落が発達する

山のわい性低木群落だ。中盛丸山から兎岳へ、さらに聖岳まで達すると、山頂周辺は高山荒原群落になる。特に聖岳の南面は動きやすい砂礫からできていて、ここには高山荒原の植物群落が多く見られる（写真8-3）。東面にはほとんど形が崩れてしまったカールが、わずかに残っている。この斜面を下りると、稜線の最低鞍部、聖平だ。聖平にニッコウキスゲ群落があることはよく知られていた。しかしニッコウキスゲは尾瀬や霧ヶ峰で知られるように、ふつうはかなり標高の低い地帯で大きな群落を作る。南アルプスのような標高3000m級の縦走路で見られることは稀だ。この群落は長く知られてはきたが、実際は今から50年ほど前に成立した群落であることがわかっている。群落ができるきっかけは1959年の大型台風（伊勢湾台風）によって、亜高山帯の針葉樹林がいっせいに倒れたことだ。森林がなくなってしまった聖平の地表面は十分に日光を受け、ニッコウキスゲを主とする亜高山帯高茎草本群落が育った。ところが現在はほとんどニッコウキ

8－3　聖岳の南面。礫の移動が激しいため高山荒原群落となっている

スゲを見ることができない（写真 8-4）。最近の調査で、このところ急速に個体数を増やしたニホンジカによる食圧、踏圧が原因であることがわかった。さらに、イネ科の草原内に針葉樹の稚樹が生育し始めてもいる。ニッコウキスゲがここで再び大きな群落を作るには、かなりの時間が必要だろう。

2. 聖岳から上河内岳、茶臼岳へ

（1）上河内岳の地形

聖岳から南側には、頂上のとがった上河内岳を望むことができる。逆方向の茶臼岳から上河内岳を見ても、やはり三角形のとがった山のようにみえる。しかし、茶臼岳から見た場合は、上河内岳の西側は大きくズレている。山頂付近から表面がズリ下がったようになっていて、

【食圧、踏圧】動物が植物を食べることによって、植物の生育が抑制されることを食圧といい、動物が移動する際に踏みつけられ、植物の生育が抑制されることを踏圧という。

８－４　現在は見られないが、かつて広大なニッコウキスゲ群落があった聖平

線状に大きな溝がある（写真8-5）。高山帯でよく見られる「線状凹地」である。大規模な線状凹地は、ふちの部分と底の部分では植生が大きく異なっていて、凹地の底の部分にはカール地形の沖積錐と同じような植物群落が成立している。底部は残雪があり、一年を通して水分条件に恵まれている。そのため、ふちから底部までは土壌中の水分に沿って植物群落が変化している。この大きな溝のような地形は、植物にさまざまな生育場所を提供しているのである。

（２）茶臼のお花畑―化石氷河地形―

1）亀甲状土

上河内岳（2803m）の南方には、大部分が植物に覆われた大型の化

8－5　上河内岳の西側の大規模な線状凹地

石礫質多角形土が分布し、昔から「上河内岳の亀甲状土」あるいは「茶臼のお花畑」と呼ばれてきた。これまでは、写真による構造土の紹介と簡単な記述があっただけで、現地調査に基づいた地形学的な詳しい説明はされてこなかった。

このお花畑は、上河内岳と茶臼岳（2604m）のほぼ中間地点にある典型的な線状凹地（標高2485m）だ。西向き斜面（線状凹地の東側斜面）は周氷河平滑斜面となっていて、凹地の周辺は亜高山帯の針葉樹林・ダケカンバ林・ハイマツ低木林が複雑に混じりあう景観である。線状凹地底は、一部にハイマツ低木群落が点在するほかは、大部分が高山草原だ。凹地の北側には雪解け後や大雨の後に水がたまるために生じたと考えられる無植被の砂礫地がある。亀甲状土と呼ばれてきた

【化石礫質多角形土】現在は活動していないが、以前に、地面が凍結するときにできる凍結割れ目に粗礫が集積することにより形成された地形。南アルプス南部の「茶臼のお花畑」にある構造土はこれに属する。

8－6　上河内岳と茶臼岳の中間に位置する茶臼のお花畑。
中央の無植生の部分は化石多角形土

この大型構造土は、この凹地の南端付近に、東西10m、南北50mの範囲内に分布している（写真8-6）。地質は、赤石層群の砂岩と泥岩の互層からなっている。

2）化石礫質多角形土

図8-1のように、構造土の網目の直径は、長径で1m～3m、短径で1m～2m程度で、直径に占める細粒部分と粗粒部分の割合は、ほぼ1対1だ。大きな石の集まりは角礫からなり、多角形の半分以上はイネ科植物、地衣類、蘚苔類などで覆われている。ここに分布する構造土は、現在は形成活動が停止していて、植物によって覆われつつあるいわゆる化石化した地形である。雨によって運ばれてきた細かい砂やイネ科・カヤツリグサ科の植物に覆われることによって守られてきたとも考えられる。

図８－１　化石礫質多角形土の模式図　（長谷川ほか 2007、一部改変）

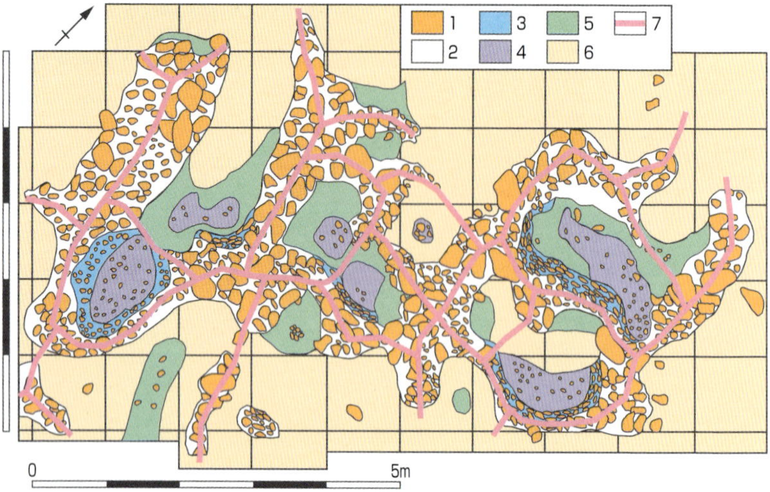

1.礫　2.マトリックスを欠く巨礫・大礫層　3.マトリックスを欠く中礫層　4.基質支持礫層
5.蘚苔類　6.わい性低木群落　7.構造土の網目

ここに残っている構造土は、非火山岩地域の大型構造土だ。中央の細かい礫とこれを囲む大きな礫がたいへん明瞭で大きいことなど、日本列島に分布する構造土の中でも、地形学的に重要なもののひとつである（写真 8-7）。

3）アースハンモック

化石多角形土（ポリゴン）の南側には、丸く小山のように盛り上がった構造土がいくつもある。「小山」は直径 1m 前後の植被された土壌で、周囲より 20cm～ 30cmほど高く半球状になっているものだ（写真 8-8）。地形学的には植被構造土の一種「アースハンモック」だ。いくつも並ぶアースハンモックは、ほぼ長径 100cm、短径 80cm、高さ 30cmで、ここの植生はスギゴケ、キンスゲ、ミヤマアキノキリンソウ、

8－7　茶臼のお花畑の化石多角形土

ウシノケグサなどである。半球状の小山の表面は、頂部が厚さ5cm、縁の部分が厚さ8cmほどの、植物の根がマット状になった構造である。小山の中の土壌は細かい砂だ。表面から深さ20cmまでは乾燥しているが、それより内部は水分を含んでいる。アースハンモックができる理由は、土の性質と深い関係があるようだ。

アースハンモックの周辺には、小山の上部が全く植物で覆われていない、凍結ハゲ（frost scar）も分布する。これも周氷河地形の重要な一現象だ（写真8-9）。このあたりはアースハンモックと凍結ハゲがどのような過程を経てできるのかを見るには重要な地域だといえる。

上河内岳の亀甲状土と植物の関連についてわかっていることをまとめると、1）～3）となる。

1）亀甲状土は、網目の直径が1m～3mで、周囲を取り囲む大きな石と中央の小礫からできた大型の礫質多角形土である（写真

8－8　茶臼のお花畑のアースハンモック

8-10)。

2) 亀甲状土は、現在は形成を停止し、周囲から徐々に植被されつつある化石構造土である。

3) 植物に完全に覆われた礫質多角形土のうち、細い礫が多いものではアースハンモックが形成される。

3. 高山のコケ類と地衣類

(1) コケ類

コケ類と地衣類は、高山ではどこでも現れる植物の常連だ。また、高山高茎群落は、高山では代表的な植物群落で、「お花畑」としてよく知られている。このお花畑の植物群落の中にも、じつはコケ類と地衣類がたくさん生育している。高山の乾燥地である風衝地や岩石からなる荒原で、最も目につくのがシモフリゴケだ（写真 8-11)。シモフ

8－9　アースハンモック周辺の凍結ハゲ

8－10　現在成立過程の礫質多角形土

リゴケの生育場所は、主に動かない岩の近くや礫の集合したところで、乾燥にきわめて強く、離れたところから見ると白っぽい塊に見える。少し湿度の高いところにはイワダレゴケが、水が十分にあるところに

8－11　高山の露岩地域によく見られるシモフリゴケ

はサワゴケやオオハリガネゴケが生育している（写真8-12、8-13）。

コケ類は、水に対して敏感に反応し、環境によって種類が変わっていく。根をもたないので、根から水を吸収することはなく、地上部の体表面から水や栄養を吸収する。また、葉にクチクラ層が発達しないので、体内の水分の出入りが激しく、周囲の湿度の条件で生活の場や生き方が決まってしまう。したがって、ゴーロ帯のような一見岩ばかりのところでも、よく観察すると、ずいぶん多くの種類のコケが生育している。地形とも大きなかかわりがあるのだ。茶臼のお花畑に多角形土やアースハンモックが長い年月残されてきた理由は、コケや地衣類、イネ科草本植物が、表面をカバーして保護したためとも考えられる。

8－12　高山帯湿地のコケは地下水が湧出するパイプフローの周辺に生育する

8－13　高山帯湿地の代表的なコケであるサワゴケ

（2）地衣類

地衣類も高山ではどこにでも生育している。特に岩ばかりのゴーロ

８－１４　ゴーロ帯の岩の表面に生育する地衣類

帯では、いたるところにある（写真8-14）。岩石の表面につき、少しずつ広がっていくので、その広がり方と広がる速度から、岩石がいつできたのかを推定することができる。水がほとんどなくても生きていける、強い植物である。

高山帯では、森林限界の上部で草本植物の「お花畑」か風衝地の植物群落が見られるのがふつうだ。このような高い標高の高山帯にも、地衣類は分布してよく目立つ。岩石の表面、森林限界を構成している樹木の表面、お花畑を構成している植物のすき間、裸地の表面などには、地衣類やコケ類が多くみつかる。特に地衣類は、森林限界上部の草本植物群落から裸地、または岩砕地、岩場などの、乾いた陽性の立地に多く見られる。

高山帯の岩場で、表面に張りつくような形で分布している地衣類のうち、一般的なものにチズゴケがある。コケ類ではないがこのような名前をもつものが多い。チズゴケの仲間は世界中の高山にも、極地にも分布している。チズゴケの体にあたる地衣体はふつう黄色く、ほぼ同心円状に伸長する。成長速度がきわめて遅いので、チズゴケの面積から、張りついている岩石の年代を推定することができる。地衣類は遷移の初期に出現し、その後群落の遷移段階が変化するのに従って、種類も変わっていく。そのため、これら地衣類は、高山植物群落の成立過程を知るうえでも、たいへん重要な植物であるといえる。次に高山帯の地衣類について説明する。

1）地衣類とその生育地

高山の植物群落では、生育の環境が、湿性、中性、乾性のどれであるかによって、植物の種類がかなり異なっている。地衣類の種類も、環境によってそれぞれ異なる。地衣類が着生した岩石の表面は、樹皮と見まちがうほどのものや、葉状、樹枝状になっているものがある。これを生育している場所を基準としてまとめると、

A. 岩石上に生育する地衣類
　　チズゴケ、タカネゴケモドキ、フタゴチズゴケ、イワザクロゴケ

B. 多年生草本植物、低木群落下で生育する地衣類
　　マキバエイランタイ（写真 8-15）、ミヤマウラミゴケ、ムシゴケ、ハイイロキゴケ、ミヤマハナゴケ（写真 8-16）、ナギナタゴケ（写真 8-17）

C. ハイマツ、ダケカンバなどの樹幹、枝先に着生する地衣類
　　ハイマツゴケ、オリーブゴケ、クロアカゴケモドキ

となる。

高山帯では、多くの地衣類は岩の上に付着しているが、ほかの植物体に付着することによって、霧などの空気中の水分を効率的に吸収し

【湿性、中性、乾性】土壌の水分条件。目安として、「湿性」は踏むと水がしみ出てくる程度、「中性」は踏んでも水がしみ出てこないがしばらく座っているとズボンが濡れる程度、「乾性」は雨が降らない限り湿らない程度（ほぼ裸地）。

８－１５　高山でよく見られる地衣類マキバエイランタイ

８－１６　高山で広く見られる地衣類ミヤマハナゴケ

ているものもある。ハイマツなどの樹皮は、表面の構造がスポンジ状になっているので、この表面の部分から、地衣類は儀根や菌糸を侵入させることで、樹皮内の水分を吸収するのだ。これは、特に乾燥と高

【儀根】地衣類の下皮層から生じる根に似た構造のもので、固着するための組織。岩石の表面に張り付くように分布するときなどに役割を果たす。

8－17　イワウメの中に生育する、枯れ枝のような形態のナギナタゴケ

湿度をくり返す高山帯では、長期の乾燥時期に、水分吸収の方法としてたいへん有利な性質だろう。

地衣類は高山帯や極地の生物として、欠くことのできない重要なメンバーといえる。

第９章　南アルプス最南部―光岳《てかり》―

１．ハイマツ群落の南限

高い山に登ると稜線近くに必ず現れるのがハイマツの群落だ。日本列島では、北海道から本州の中部地方にまでハイマツが見られる。これまでハイマツの分布の南限は南アルプス南部、光岳《てかり》周辺とされてきた。たしかに光岳の北東へのびる尾根からイザルガ岳までの間には、密度の高いハイマツ群落が分布している。特にイザルガ岳では山頂にまでハイマツが育ち、平らな山頂の一部を除いて、背丈の低いハイマツにすっかり覆われている。このハイマツの群落は、ライチョウが繁殖する最も南の植物群落でもある。

一方、光岳山頂から南へのびる尾根にもハイマツが見られる。「百俣沢ノ頭」に向かう登山道沿いに分布しているが、ここがハイマツ群落としては最も南に位置するものだろう（写真 9-1）。この南限のハイマツ群落は樹高が低く、光岳を巻いて吹き込む強風のため、地面に押しつけられたようになっている。このあたりでは近年、キバナシャクナゲやコメツガ、シラビソなどの針葉樹が群落の中に侵入している現象が、いたるところで見られる。温暖化の影響は南限の群落にも迫っ

9－1　光岳から百俣沢ノ頭への登山道沿いのハイマツ群落は南限と考えられる。近年、この群落にも標高の低い場所からシラビソやハクサンシャクナゲが上って来ている

ているようだ。

石灰岩からなる光岩《てかりいわ》の周辺にもハイマツの群落がある。イザルガ岳と光岳の周辺が群落としての南限であることはこれまでも多く報告されている（写真9-2）。またそのほかに、ハイマツの個体および数本からなる株の集まりなどは、さらに南の深南部にあるといわれてきた。しかし最近、その場所にはハイマツを確認できない。最も南の群落という点では、光岳を中心に山頂から「百俣沢ノ頭」に向かう尾根のハイマツ群落がハイマツの南限といえよう。

9－2　イザルガ岳周辺のハイマツ群落。ライチョウの生息地の南限である

2.ハイマツの特徴

日本の高山帯でほとんど例外なく見られるのがハイマツの群落であることは述べたが、標高が高くなるにつれて、ハイマツは文字どおり地を這うような姿になる。さらに標高の高い稜線沿いでは、地面にしがみつくようにして生きている。冬期の日本の高山帯では、西からの強風が特徴だ。冬の強風が直接にあたる山の西斜面では、表皮がはがれた幹や、まるで野生動物が白骨化したような枯死木が、独特の景観を作っている。

北半球全体のハイマツの分布をみると、日本の高山にだけ特に集中しているわけではない。分布の中心は北東アジアの東シベリアあたりだ。分布の中心を判断するポイントは、その植物の個体の密度と、子孫をどれほど作れるか、である。

この点から日本の高山帯のハイマツ群落を調べてみると、必ずしもハイマツにとって生活しやすい場所とはいえない。現在ハイマツが生育する場所は、冬の強風と多雪、岩場であるなどの条件から、他の樹木が侵入しにくいところだ。日本列島の高山帯では、ほかの樹木、特に亜高山帯上部の針葉樹が入り込めない場所を、ハイマツが埋めているのではないかといわれている。そうなると、わずかな気候の変化、気温の上昇、降雪量の減少、土石の移動といった環境の変化があった場合、長い間耐えて生きてきた場所を、他の樹木に譲り渡さなければならなくなる。

高山の稜線付近で、押しつぶされたように曲がりくねったハイマツを見ると、どれほどの歳月をこの場所で生きてきたのかと思う。樹木の年齢を知るには、根元を切って年輪の数を測定するが、日本の高山帯はほとんどが国立公園なので、一本たりとも木を切ることはできない。

40年ほど前、600本ものハイマツの樹齢を知る絶好の機会があった。北アルプス南部の乗鞍岳で、道路工事のためにハイマツが伐採されることになったのである。多くの人が知りたかったハイマツの樹齢が、このときに明らかになった。伐採されたハイマツの根元の年輪を測定した結果、直径5～6㎝の細いハイマツでさえ、平均樹齢80年～100年にもなることがわかった。なかには樹齢200年～220年という長寿のものもあった（図9-1）。

ハイマツは、冬の強風と寒さに耐えて平均100年以上も生き続ける。その子孫の残し方には種子による繁殖のほかに、土に接した幹の一部から直接根を出す、栄養繁殖という増え方がある。この繁殖方法は高山の環境ではじつに有効だ。ハイマツは、積雪や強風によって常に地

図9－1　北アルプス乗鞍岳で測定されたハイマツの樹齢分布

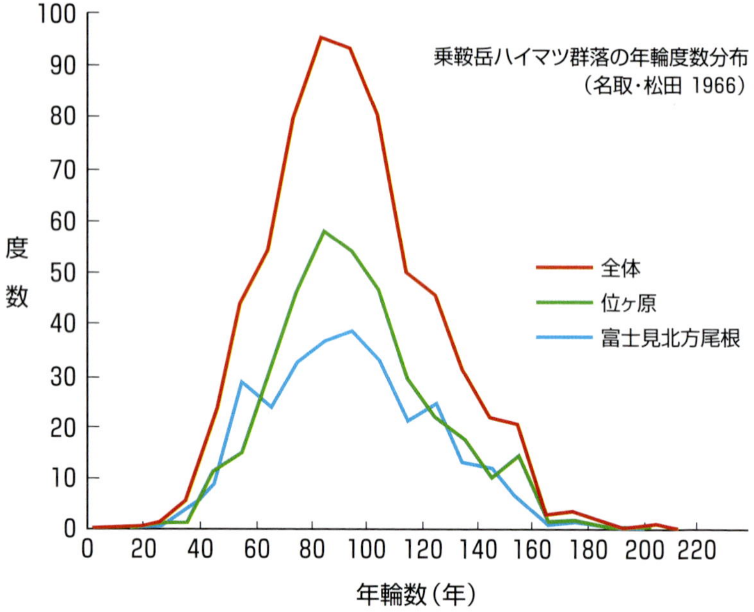

面に押しつけられている格好なので、地面との接点から新しい根を出すことは容易であるからだ。

種子は、必ずしも毎年作られないうえに、作られた種子のうち、運の良いごく一部だけが発芽できるにすぎない。何年かに一度の「成り年」に、偶然の発芽条件が得られた場合にかぎって、種子の繁殖ができる（写真9-3）。ハイマツは二つの繁殖方法を使い分けながら、厳しい高山の条件の中で生き続けているのである。

3．ハイマツと雪

ハイマツは日本の高山帯ではどこにでも出現するので、この植物が

9－3　礫のすき間で発芽したハイマツの実生

現れると頂上が近いことがわかる。ハイマツは夏に花を咲かせるが、あまり目立たない。小さな卵型の雌の花と黄色花粉をもつ雄の花を同じ１本の枝につける（写真9-4）。緑色の葉の中でわずかに色どりをそえるくらいの地味な花である。

この植物の分布、群落の構造は、雪の影響を大きく受けている。山の東西にのびる稜線では、西からの強風で東側のハイマツ群落に雪がたまる。たまった雪に保護されることで、この群落のハイマツは背丈も高く葉もたくさんつけることができる。しかし、条件の悪い、反対側の吹きさらしの群落では、ハイマツは背丈も低く、まばらに生えていて、地を這うような形をしている。

他の東側がなだらかな斜面の場合、また比較的平らな場所では広大なハイマツ樹海が生まれる。北海道の羅臼岳、北アルプスの乗鞍岳、南アルプスの百間平などがその典型だ。こういった大群落の中を歩くとところどころ赤茶色に変色して枯れたハイマツを見かける。通常は、

9－4　先端の赤い部分がハイマツの花

冬に雪の下で強風と寒さから守られるが、雪の量が少ない年には、常緑の葉が直接寒さや風にさらされるため枯死してしまう。

4. 光岳と高山植物

3000m 級の峰々が連なる南アルプスの中で、最南端に位置する光岳は標高 2591m である。この山では山頂の道標の付近は針葉樹に覆われていて、ハイマツや高山植物は見あたらない。ここでの高山植物群落は、光岳から北東へのびる稜線の東側の崩壊地で見ることができる（写真 9-5）。

ここに分布する高山植物の多くは、それぞれの植物の南限にあたるものが多い。山頂の南側には石灰岩の巨大な岩が２つ並んでいる（写真 9-6）。これが光岳の光岩である。この岩は１億年ほど前に南太平洋のサンゴ礁からできたものといわれる。その後の地殻変動の間に海底

9－5　光岳から北東へのびる稜線の東側の崩壊地。ここには南アルプス最南部の高山植物群落が見られる

を移動し、さらに山脈の起伏の変化によって、2500m も持ち上げられたのだ。石灰岩のこの大岩の上には、この付近では見られない特殊な植物が多く発見されている。周北極要素の植物として代表的なチョウノスケソウもここに分布している（写真 9-7）。北半球全体をみても、ここがチョウノスケソウの南限だろう。岩に生き残っている植物は、本来もっと標高の高いところに分布しているものだ。ここが石灰岩地であるため、光岳周辺ではその条件が有利に働き、生き残ることができたものと思われる。石灰岩地にチョウノスケソウが分布している例は北海道の大平山、日高山系のキリギシ岳で見ることができる。

チョウノスケソウをはじめとして、ここで生きる植物の存在の意味は大きく、さらにこの光岳は生物地理学上のたいへん重要な場所であ

9－6　光岳山頂の南側にある石灰岩の大きな岩

るといえるだろう。

5. ライチョウの南限

（1）南アルプス主稜線のライチョウ

日本の中部山岳の高山帯では、ライチョウは象徴的な存在だ（写真9-8）。世界的にライチョウの分布をみると、ロシアのツンドラ地域やヨーロッパアルプスにも生息している。日本列島では主に北アルプス、南アルプスに生息していて、南アルプスのライチョウ個体群は、ここで生きる高山植物と同様、地球規模でも南限にあたる。日本列島全体に生息するライチョウの個体数は約3000羽で、南アルプスには600

9－7　光岳の石灰岩に生息するチョウノスケソウ群落

～700羽住むと推定されている。この鳥は人を恐れず、登山者にかなり近づいて来るため、高山帯のどこで見かけたか、という情報から、生息分布の位置がわかりやすい。南アルプスでは荒川三山や聖岳付近でよく見かけるが、聖岳から南では、個体数が急速に減少する。ライチョウが生息し、繁殖できる南限は光岳周辺のイザルガ岳で、巣も発見されている。

ライチョウは強風が吹きつける場所にも、雪が深い場所にも住むことのできる逆境に強い鳥だ。しかし、食料が十分になければ生きてはいけないし、繁殖もできない。この南限の場所で生きていくための食料となる高山植物が絶対に必要となる。高山植物の調査の際に、ライチョウが食べている植物を見てみると、オンタデの葉やムカゴトラノオのムカゴが多いことがわかる。秋には常緑わい性低木の果実を食べ

9－8　南アルプスに生育するライチョウ

9－9　ライチョウの食料となるクロマメノキ

ていて、なかでもクロマメノキの果実を最も好むようだ。クロマメノキは高山帯のいたるところに分布していて、ライチョウの越冬のためには、欠くことのできない植物だろう。

（2）クロマメノキ

南アルプスの稜線は、西からの強風があたる典型的な風衝地だ。ここでは草丈の高い植物は生きられず、種類も限られる。強い風にけずられた山肌にびっしり張りつくように生育しているのが、クロマメノキ（ツツジ科）だ（写真 9-9）。吹きつける強風や激しい雨に耐えて群落を作り、秋には黒藍色の実をつける。葉は紅葉するので、赤い葉と紫色の果実が、緑色のガンコウランなどと混ざり、濃い赤紫色のカーペットを作る。南アルプスでは数が少なくなってきたライチョウにとっても、この植物は重要な食料源だ。

夏期には、ライチョウは一日中この植物の葉やオンタデの葉をつついて食べ歩いている。群落のまわりに緑色がかった白いフンを残していくので、クロマメノキの葉を食べることがわかる。秋になると紫色のフンが目立つ。クロマメノキの果実を食べたライチョウのものだ。強風の中でこの実を好んで食べているところをよく見かける。

このクロマメノキは北半球の広い範囲に分布し、高山では風衝地でめだつが、その他の環境にも幅広く適応することができる。岩場、落葉樹の林床や高層湿原にも生育し、高山や亜高山帯に住む動物の貴重な食料になっている。ライチョウだけでなく、多くの動物の生存にかかわる重要な植物である。

【高層湿原】低温で酸性が強く、貧栄養の土地に発達する湿原の一種。ミズゴケ類に覆われた湿地であり、適度の冷涼多湿な気候の高海抜地や北緯 50 ～ 70° を中心とする高緯度地に成立している。

第10章　地球温暖化と南アルプスの植物

1. シカが食べる高山植物

キンポウゲ科の植物は広大なお花畑を作ることでよく知られている。中部山岳地域ではシナノキンバイがその代表的な例だ。土壌に水分の多い雪渓跡地では、特に大きく、印象的な群落を作っている。

南アルプス塩見岳で、この植物の広大な群落に出会ったのは約30年前の1979年であった。南東面の標高3000mあたりの地点で、地形的には氷河地形のカールに属する場所だ。モレーンはすでに崩壊し、カール底がなくなって、雪渓跡地となっている。西からの風のため雪が大量にたまる斜面に、その雪解《ど》け水のおかげで、じつに広大なシナノキンバイの群落が作られていた。

写真10-1は同年8月に撮影したものだ。下方から稜線にかけて密度の高いシナノキンバイの群落が広がっている。2005年、この同じ場所に行ってみたが、写真10-2のように、当時の群落はすでに全く存在しなかった。数年前から問題になっているニホンジカの食害により、シナノキンバイやハクサンイチゲの群落はすっかり消えていた。そのあとにはシカが食べないタカネヨモギ、バイケイソウ、ホソバト

１０－１　塩見岳南面雪渓跡地に成立していたシナノキンバイ群落。１９７９年８月撮影

１０－２　２００５年にほぼ同じ場所を撮影した。キンポウゲ科の植物からなる植物群落は見られない

リカブトが点々と残っていただけである。三伏峠でも同様に、シカに

１０－３　シカ害により芝生状になってしまった三伏峠のお花畑

よる食圧、踏圧のあとが芝生状になり、わずかにマルバダケブキとバイケイソウが残されていた（写真 10-3）。

この 10 年間、ニホンジカは標高 3000m 級の稜線を越え、各地を大きく移動するようになった。この大群落もその際に食べ尽くされたらしい。同じことが続けば、山々の植物は根を張ることができなくなり、やがて根茎も枯死してしまう。かつてシナノキンバイ群落があったあたりには、タワシのようになった根茎が散乱し、裸地化が急速に進んでいた（写真 10-4）。

ほかにも、南アルプスではニホンジカの食圧・踏圧がいたるところで見られるようになった。特に大きな影響が出ているところは、仙丈ヶ岳北部の馬の背、農鳥小屋東部の水場付近、塩見岳南面、三伏峠のお花畑（写真 10-5）、聖平、光岳北西部などである。極度の食圧、踏圧は花の美しい高山植物の激減だけの問題ではない。植物の地上部がなくなることにより、地下の根系がむき出しになり、やがて表面の

１０－４　タワシのような根茎が散乱し裸地化が急速に進む塩見岳南面

１０－５　芝生化した三伏峠のお花畑。中央下部には裸地も見られる

土壌の流出が起こる。さらに進行すると降水時や雪どけ時に、小さな

１０－６　高山帯の風衝地に生育するキバナシャクナゲ

流路が多数出現し、谷になりさらに崩壊地となってしまう。

２. 標高の低いところから上ってきた植物との競争

（１）キバナシャクナゲ

キバナシャクナゲ（写真 10-6）は高山に生育する低木の植物で、強風や雪の影響を強く受ける。最近、高山のキバナシャクナゲ群落の近くにハクサンシャクナゲ（写真 10-7）の株を見かけることが多くなった。キバナシャクナゲより低い場所で育つハクサンシャクナゲが分布を高山帯にまで広げてきたようだ（写真 10-8）。写真はハイマツと混生している２種類のシャクナゲで、左側の小さな葉をもつキバナシャクナゲと右側の大型の葉をもつハクサンシャクナゲを示している。

そこで、これら二つの植物の競争関係について調べてみた。その結果、ハクサンシャクナゲは枝を上方に伸ばす性質があり、両者が一緒

10－7　キバナシャクナゲより低標高に生育するハクサンシャクナゲ

に住むと、常にキバナシャクナゲの上に葉を広げてしまうことがわかった。キバナシャクナゲは光を奪い合う能力ではあきらかに負けるが、強風、積雪、低温に対する抵抗力がある。しかし、温暖化によって厳しい環境が緩和された場合は、逆に他の植物との競争に負けてしまうものと思われる。

厳しい環境で育つキバナシャクナゲは、毎年ほんのわずかしか成長できず、1年間に年輪を0.2㎜ほどしか広げることができない。1㎝の太さの枝になるのに40～50年もかかる。わずかずつしか大きくなれない「淡い黄色の花を咲かせる木」は、初夏に美しい光景を提供してくれる植物である。

南アルプスでは、北海道の大雪山のような広大なキバナシャクナゲ群落は見られない。ほとんどの群落は高山帯の稜線周辺や風衝地に生育地を確保している。ハクサンシャクナゲなど、亜高山帯の植物が高山帯に分布を広げて来たときには、キバナシャクナゲは光獲得の競争

10－8　高山帯でキバナシャクナゲとハクサンシャクナゲが混生している様子

に負けて急速に数を減らしてしまうだろう。今後、注目して見守るべき植物と思われる。

3. 温暖化と高山植物

氷期から生き残ってきた高山植物は、現在の生育地でほそぼそと生きている状態だ。多くの高山草原では、標高の低いところで生育する植物に徐々に侵入されている。八ヶ岳では、かつて広大なキバナシャクナゲ群落であったところに、今はハクサンシャクナゲが大きく入り込んできている。この2つが同じ場所に生育する場合、ハクサンシャクナゲは光の獲得能力が圧倒的に強い。このままでは、いずれキバナシャクナゲ群落は、稜線付近に追いやられてしまうだろう。八ヶ岳は高山帯がたいへんせまい山だ。したがって、温暖化が進み、下から上って来た植物に追われると、高い標高の植物はもう逃げようがない。この現象を植物の「追い落とし現象」というが、現在八ヶ岳では、このような状況になっている場所がかなり多い。

岩場では比較的安定して植物が生育しているように思えるが、そのような場所は、高山植物が分布している高山帯全体からみれば、わずかでしかない。もともと氷期以後数万年にわたって、高山の岩場は高山植物を守ってきたところだ。このような場所を〝レフュージア（避難地)〟と呼んでいるが、このレフュージアが、少しずつなくなってきているように思える。

近年の気候の変化は高山植物に直接的、間接的に影響を与えている。前述のように気温の上昇が進めば「追い落とし現象」によって高山植物の分布域はせばめられてしまう。これまでも、何回かの氷期と間氷期を十数万年の間に経験し、高山植物の分布域は拡大と縮小を繰り返してきた。その時代も高山植物はレフュージア（避難地）に避難し、生命をつないできた。この重要なレフュージアは、現在の日本列島ではどんなところが考えられるであろうか。ここまでに何度かふれたように、それは高山の「カール地形」とゴーロ帯のような「岩塊地」であると思われる。特にカール地形は、カール壁からカール底までの多様な生育環境の避難地を提供し、それぞれの特徴的な地形に多くの高山植物が逃げ込むことができる。近い将来、自然の遺産となるであろう高山植物を保護し、保存してくれる貴重な場所である。

さくいん

き

く

け

こ

そ

た

ち

つ

て

と

な

おわりに

南アルプスは広大で深い。特に静岡県側からは、稜線までのアプローチが長く、手ごわい未開の山とみられてきた。そのため特別な技術をもった登山家や、研究者が長期間のテント生活を覚悟で入山することが長い間続いた。南アルプスにおける高山帯の生物学や地形学の研究に関しても例外ではなかった。たいへんアプローチが長い、山小屋などの施設が不十分であるなどの理由から、現地調査はきわめて少ない状況であった。

1990年代に明治大学の地形学研究グループとの共同研究で、北極域の調査を行う機会を得た。その際に未知の山岳地域である南アルプスの総合的な共同研究を行おうと意気投合したのである。

2004年からの予備調査を含め、5年間の共同研究で南アルプスならではの多くの自然現象を詳しく調べ、新しい現象をみつけることができた。参加した研究者や協力者は50名にもなる。この本ではその調査結果に加え、私がこれまで30年近くの間に調べて来た内容を紹介した。

現地調査では登山者や学生の登山グループに会い、話をする機会が多い。最近では高山に来て、何に興味があるのか、何に感動するのか、何を知りたいのか、が少しずつ変わって来たように思う。単に美しい高山植物を見たい、名前を知りたい、ということから、なぜここで生きることができるのか、なぜこの環境に適応できるのか、と変化している。この本の中で、そういった疑問に対し、できるだけ丁寧に説明を行ったつもりである。高山を訪れる方々のお役に立てば幸いである。

各分野の研究者が同時に現地調査をするにあたっては、多くの困難が生じた。しかし、南アルプスに関係する多くの方々の御援助と研究者の協力により、予想以上の調査結果を出すことができた。

南アルプス南部の多くの地域を所有管理する、株式会社東海パルプ、株式会社東海フォレストの皆様には、多大な御尽力をいただいた。移動手段、物資の移動、山小屋の使用、精神的な励ましなど、あらゆる面で御援助いただいた。また、静岡県には、研究を進めるにあたり、研究費、職員の派遣など重要な部分を支え、援助していただいた。川根本町、光小屋、茶臼小屋、山梨県側の芦安山岳館、農鳥小屋、北岳山荘の皆様からは、惜しみない温かな御援助をいただいた。あらためて、ここで深く感謝申し上げたい。

参考文献

『山に学ぶ　歩いて観て考える山の自然』小疇尚研究室編　古今書院
『山歩きの自然学　日本の山 50 座の謎を解く』小泉武栄　山と溪谷社
『自然を読み解く山歩き』小泉武栄　JTB パブリッシング
『日本の山はなぜ美しい　山の自然学への招待』小泉武栄　古今書院
『山の自然学入門』小泉武栄・清水長正編　古今書院
『高山植物の自然史　お花畑の生態学』工藤岳編著　北海道大学図書刊行会
『高山植物の生態学』増沢武弘　東京大学出版会
『極限に生きる植物』増沢武弘　中公新書
『南アルプスの自然』増沢武弘編著　静岡県
『高山植物と「お花畑」の科学』水野一晴　古今書院
『百名山の自然学　西日本編』清水長正編　古今書院
『新版　地学事典』平凡社
『地形学辞典』二宮書店
『生態学事典』共立出版
『岩波　生物学辞典』岩波書店

増沢武弘（ますざわ・たけひろ）

昭和20年（1945）生まれ。東京都立大学大学院理学研究科博士課程単位取得・理学博士。静岡大学理学部生物科学科教授。専門は植物生態学、極限環境科学。極限環境に生育する植物の生き方について研究。静岡県内では富士山、南アルプスの高山帯で高山植物を研究。北アルプス、八ヶ岳、北海道、国外では北極域を中心に、ヒマラヤ、アンデス、南極もフィールド。
著書：『高山植物の生態学』（東京大学出版会）、『極限に生きる植物』（中公新書）、『富士山の極限環境に生きる植物』（建設省）、『フジアザミ』（静岡県）、『生態学への招待』（開成出版）、『南アルプスの自然』（静岡県）

南アルプス　お花畑と氷河地形

*

2008年12月20日　初版発行

著者／増沢武弘

発行者／松井　純

発行所／静岡新聞社

〒422-8033　静岡市駿河区登呂3-1-1

電話：054-284-1666

印刷・製本／図書印刷

ISBN978-4-7838-0545-8 C0045

大沢岳
2819
赤石岳
3120
しらびそ峠
中盛丸山
2807
奥聖岳
2978
兎岳
2818
聖岳
3013
笊ヶ岳
2629
布引山
2584
富士見山
1640
身延山
1153
上河内岳
2803
茶臼岳
2604
七面山
1989
青薙山
2406
易老岳
2354
仁田岳
2524
加加森山
2419
光岳
2591
畑薙湖
畑薙第一ダム
池口岳
2392
白倉山
1851
中尾根山
2296
八紘嶺
1918
身延町
52
大谷崩
安倍峠
山伏
2014
静岡県
静岡市葵区
大無間山
2329
十枚山
1726
不動岳
2171
井川湖